全国高职高专“十二五”规划教材

软件测试技术基础

主　编　苟　英　宁　华　席文利

副主编　唐　滔　陈怡然　谭　凤

中国水利水电出版社
www.waterpub.com.cn

内 容 提 要

本书采用工学结合的模式，描述了软件测试领域的基础知识，本书共12章，内容包括：软件测试概述、软件测试基础、软件测试过程与方法、软件测试策略、白盒测试技术、黑盒测试技术、软件测试文档、软件自动化测试、面向对象的软件测试、Web网站测试、软件测试技术前沿、单元测试工具JUnit及Web应用负载测试工具WAS。与以往类似书籍有所不同，以前的类似书籍理论介绍得多，本书在给读者打下软件测试基础的前提下，逐步引入软件测试领域的知识，每章都以工作目标和任务为驱动，结合工作计划实施，最后都配有相关练习。一直以来，人们常常把开发和测试分开，以致开发类书籍只介绍开发，测试类书籍只介绍测试，然而在项目研发过程中，测试和开发是密不可分的，因此本书针对的对象不仅是软件测试人员，而且为软件开发人员提供了很好的参考，从而全面提高其自身能力。

本书可作为高等院校、高职高专院校及相关的软件学院软件技术专业和计算机相关专业的教材，也可作为开发人员学习测试的参考用书。

本书配有电子教案，读者可以从中国水利水电出版社网站和万水书苑上下载，网址为：http://www.waterpub.com.cn/softdown/和http://www.wsbookshow.com。

图书在版编目（CIP）数据

软件测试技术基础 / 苟英，宁华，席文利主编. --
北京 : 中国水利水电出版社, 2013.1（2016.3重印）
全国高职高专“十二五”规划教材
ISBN 978-7-5170-0377-9

Ⅰ. ①软… Ⅱ. ①苟… ②宁… ③席… Ⅲ. ①软件－测试－高等职业教育－教材 Ⅳ. ①TP311.5

中国版本图书馆CIP数据核字(2012)第286101号

策划编辑：寇文杰　　责任编辑：张玉玲　　加工编辑：孙　丹　　封面设计：李　佳

书　　名	全国高职高专“十二五”规划教材 软件测试技术基础
作　　者	主　编　苟　英　宁　华　席文利 副主编　唐　滔　陈怡然　谭　凤
出版发行	中国水利水电出版社 （北京市海淀区玉渊潭南路1号D座　100038） 网址：www.waterpub.com.cn E-mail：mchannel@263.net（万水） sales@waterpub.com.cn 电话：（010）68367658（发行部）、82562819（万水）
经　　售	北京科水图书销售中心（零售） 电话：（010）88383994、63202643、68545874 全国各地新华书店和相关出版物销售网点
排　　版	北京万水电子信息有限公司
印　　刷	三河市鑫金马印装有限公司
规　　格	184mm×260mm　16开本　9.75印张　240千字
版　　次	2013年1月第1版　2016年3月第3次印刷
印　　数	4001—6000册
定　　价	23.00元

前　　言

本书采用工学结合的方式，全面介绍了软件测试的基本理论、一般方法和测试流程，同时阐述了近几年出现的一些先进的测试技术，基本上涵盖了当今软件测试的全部内容。在讲授理论的同时，把实际工作联系起来，并通过结合实例来介绍目前比较流行的软件测试技术。本书介绍了软件测试工程师所必须掌握的软件测试理论知识，每个小节都是一个实例，学生可直接参照书上的内容进行操作，全面指导软件测试文档的编写，参照实际项目的经验，使学生能尽快掌握软件测试流程和技术。本书能根据软件技术专业的实际情况，结合实际，对软件测试行业的现状进行合理的描述。教材结构合理，由浅入深，理论和上机练习联系紧密，每章有总结和练习，非常适合软件技术专业使用。在写作方法上，循序渐进，深入浅出；在概念的引入上，尽量采用通俗的语言和形象化的方法来表达。理论与实际相结合，通过模拟项目测试过程，将测试管理及测试技术有效结合在一起，符合学生需求。

本书以高职高专学生为培养对象，本着高职高专学生的实际情况，实践操作部分较多，重点培养他们的动手能力。也可作为软件测试爱好者的自学教材，也是软件测试领域技术人员的理想参考用书。

本书共 12 章，具体安排如下：

第一章软件测试概述，介绍了软件测试定义、缺陷管理及流程、软件测试人员应具备的素质。

第二章软件测试基础，介绍了软件测试的原则与目的、软件测试模型及分类。

第三章软件测试过程与方法，介绍了软件测试过程，单元测试、集成测试、系统测试、确认测试、验收测试各阶段的工作任务和方法。

第四章软件测试策略，介绍了软件测试策略的内容、重要性、目的、影响因素及制定过程。

第五章白盒测试技术，介绍了逻辑覆盖、基本路径覆盖方法，以及白盒测试用例设计。

第六章黑盒测试技术，介绍了黑盒测试方法（等价类划分、边界值分析、决策表、因果图、场景法）及黑盒测试方法的选择。

第七章软件测试文档，介绍了软件测试各阶段的主要工作任务、产生的相关文档及文档的主要内容。

第八章软件自动化测试，介绍了手工测试与自动化测试的不同、自动化测试的优势及特点、常见的自动化测试工具等。

第九章面向对象的软件测试，介绍了面向对象测试的基本概念，测试内容和测试方法。

第十章 Web 网站测试，介绍了功能测试、安全性测试、性能测试、可用性/可靠性测试、配置和兼容性测试、数据库测试。

第十一章软件测试技术前沿，介绍了目前比较流行的测试驱动开发和敏捷开发模式。

第十二章单元测试工具 JUnit，介绍了 JUnit 的下载、安装及使用

第十三章 Web 应用负载测试工具 WAS，介绍了负载测试工具 WAS 的优势、使用、脚本

的开发及其存在的问题。

本书由苟英、宁华、席文利任主编，唐滔、陈怡然、谭凤任副主编。第一章、第二章、第三章、第五章、第八章由苟英编写，第四章由唐滔编写，第六章由陈怡然、谭凤编写，第七章和第九章由席文利编写，第十、十一、十二、十三章由宁华编写。何春梅也参加了部分内容的编写，全书由苟英统稿完成。

由于作者水平有限，书中难免出现一些疏漏，敬请广大读者批评指教。

作　者

2012 年 10 月

目　录

第一章　软件测试概述

工作目标

知识目标

- 了解软件测试的背景。
- 掌握软件缺陷的定义及缺陷跟踪流程。
- 熟悉软件测试的复杂性与经济性分析。
- 掌握软件测试的定义。
- 熟悉软件测试人员应具备的素质。

技能目标

- 掌握缺陷跟踪流程。

素养目标

- 培养学生的动手和自学能力。

工作任务

软件测试是软件开发过程的重要组成部分，是用来确认一个程序的品质或性能是否符合开发之前所提出的一些要求。软件测试的目的，第一是确认软件的质量，其一方面是确认软件做了你所期望的事情（Do the right thing），另一方面是确认软件以正确的方式来做了这个事件（Do it right）；第二是提供信息，比如提供给开发人员或程序经理的反馈信息、为风险评估所准备的信息；第三，软件测试不仅是测试软件产品的本身，而且还包括软件开发的过程。如果一个软件产品开发完成之后发现了很多问题，这说明此软件开发过程很可能是有缺陷的。因此软件测试的第三个目的是保证整个软件开发过程是高质量的条件。

软件质量是由以下几个方面来衡量的：

（1）在正确的时间用正确的的方法把一个工作做正确（Doing the right things right at the right time）。

（2）符合一些应用标准的要求，比如不同国家的用户不同的操作习惯和要求，项目工程中的可维护性、可测试性等要求。

（3）质量本身就是软件达到了最开始所设定的要求，而代码的优美或精巧的技巧并不代表软件的高质量（Quality is defined as conformance to requirements, not as "goodness" or "elegance"）。

（4）质量也代表着它符合客户的需要（Quality also means "meet customer needs"）。作为软件测试这个行业，最重要的一件事就是从客户的需求出发，从客户的角度去看产品，思考客户会怎么去使用这个产品，使用过程中会遇到什么样的问题。只有这些问题都解决了，软件产品的质量才可以说是上去了。

测试人员在软件开发过程中的任务：

（1）寻找 Bug；

（2）避免软件开发过程中的缺陷；

（3）衡量软件的品质；

（4）关注用户的需求。

总的目标是：确保软件的质量。

工作计划与实施

任务分析之问题清单

- 软件测试产生的背景。
- 软件测试。
- 软件缺陷的定义及跟踪管理流程。
- 软件测试的复杂性与经济性分析。
- 软件测试人员应具备的素质。

任务解析与实施

一、软件测试产生的背景

软件测试是伴随着软件的产生而产生的。早期的软件开发过程中，软件规模都很小、复杂程度低，软件开发的过程混乱无序、相当随意，测试的含义比较狭窄，开发人员将测试等同于“调试”，目的是纠正软件中已经知道的故障，常常由开发人员自己完成这部分的工作。对测试的投入极少，测试介入也晚，常常是等到形成代码、产品已经基本完成时才进行测试。

直到 1957 年，软件测试才开始与调试区别开来，作为一种发现软件缺陷的活动。由于一直存在着“为了让我们看到产品在工作，就得将测试工作往后推一点”的思想，潜意识里对测试的目的就理解为“使自己确信产品能工作”。测试活动始终落后于开发活动，测试通常被作为软件生命周期中的最后一项活动而进行。当时也缺乏有效的测试方法，主要依靠“错误推测（Error Guessing）”来寻找软件中的缺陷。因此，大量软件交付后，仍存在很多问题，软件产品的质量无法保证。

20 世纪 70 年代开发的软件仍然不复杂，但人们已开始思考软件开发流程的问题，尽管对“软件测试”的真正含义还缺乏共识，但这一词条已经频繁出现，一些软件测试的探索者们建议在软件生命周期的开始阶段就根据需求制订测试计划，这时也涌现出一批软件测试的宗师，Bill Hetzel 博士和 Glenford J. Myers 就是其中的领导者。

20 世纪 80 年代初期，软件和 IT 行业进入了大发展，软件趋向大型化、高复杂度，软件的质量越来越重要。这个时候，一些软件测试的基础理论和实用技术开始形成，并且人们开始为软件开发设计各种流程和管理方法，软件开发的方式也逐渐由混乱无序的开发过程过渡到结构化的开发过程，以结构化分析与设计、结构化评审、结构化程序设计以及结构化测试为特征。人们还将“质量”的概念融入其中，软件测试定义发生了改变，测试不单纯是一个发现错误的过程，而且将测试作为软件质量保证（SQA）的主要职能，包含软件质量评价的内容。此时软件开发人员和测试人员开始坐在一起探讨软件工程和测试问题。软件测试已有了行业标准（IEEE/ANSI），软件测试已成为一个专业，需要运用专门的方法和手段，需要专门人才和专家来承担。

在竞争激烈的今天，无论是软件的开发商还是软件的使用者，都生存在竞争环境中。软件开发商为了占有市场，必须把产品质量作为企业的重要目标之一，以免在竞争中被淘汰出局。用户为了保证自己的业务的顺利完成，当然希望选用有质量的软件。质量不佳的软产品不仅会使开发上的维护费用和用户的使用成本大副增加，还可能产生其他的责任风险，造成公司信誉下降。如果一些关键的应用领域质量有问题，还可能造成灾难性的后果。现在人们已经逐步认识到，软件中存在的错误导致了软件开发在成本、进度和质量上的失控。由于软件是由人来完成的，所以它不可能十全十美，虽然不可能完全杜绝软件中的错误，但是可以用软件测试等手段使程序中的错误数量尽可能少，密度尽可能小。

二、软件测试

1983 年 IEEE 提出的软件工程术语中给软件测试下的定义是：“使用人工或自动的手段来运行或测定某个软件系统的过程，其目的在于检验它是否满足规定的需求或弄清预期结果与实际结果之间的差别”。这个定义明确指出：软件测试的目的是为了检验软件系统是否满足需求。它再也不是一个一次性的，也不只是开发后期的活动，而是与整个开发流程融合成一体。

扩展定义：软件测试就是在软件投入运行前，对软件需求分析、设计规格说明和编码的最终复审，是软件质量保证的关键步骤。

软件测试是根据软件开发各阶段的规格说明和程序的内部结构而精心设计一批测试用例（包括输入数据与预期输出结果），并利用这些测试用例运行软件，以发现软件错误的过程。广义的软件测试由确认、验证、测试 3 个方面组成。

- 确认：评估将要开发的软件产品是否正确无误、可行和有价值。确认意味着确保一个待开发软件是正确无误的，是对软件开发构想的检测。主要体现在计划阶段和需求分析阶段，也会出现在测试阶段。
- 验证：检测软件开发的每个阶段、每个步骤的结果是否正确无误，是否与软件开发各阶段的要求或期望的结果相一致。验证意味着确保软件会正确无误地实现软件的需求，开发过程是沿着正确的方向进行的。主要体现在设计阶段和编码阶段。
- 测试：与狭隘的测试概念统一。主要体现在编码阶段和测试阶段。

确认、验证与测试是相辅相成的。确认产生验证和测试的标准，验证和测试帮助完成确认。

三、软件缺陷的定义及跟踪管理流程

缺陷跟踪管理是软件测试工作的一个重要部分，软件测试的目的是尽早发现软件系统中的缺陷，因此对缺陷进行跟踪管理，确保每个被发现的缺陷都能够及时得到处理是测试工作的一项重要内容。错误一般有以下几类：

软件错误（Software Error）：指在软件生存期内的不希望或不可接受的人为错误，其结果是导致软件缺陷的产生；

- 软件缺陷（Software Defeat）：存在于软件之中的那些不希望或不可接受的偏差，如少一个逗点、多一个语句等；
- 软件故障（Software Fault）：软件运行过程中出现的一种不希望或不可接受的内部状态；
- 软件失效（Software Failure）：指软件运行时产生的一种不希望或不可接受的外部行为结果。

软件错误是一种人为错误。一个软件错误必定产生一个或多个软件缺陷，当一个软件缺陷被激活时，便产生一个软件故障；同一个软件缺陷在不同条件下被激活，可能产生不同的软件故障。软件故障如果没有及时的容错措施加以处理，便不可避免地导致软件失效，同一个软件按故障在不同条件下可能产生不同的软件失效。在软件开发过程中产生的缺陷，我们一般称之为 Bug。

1. 缺陷跟踪的目的

缺陷能够引起软件运行时产生的一种不希望或不可接受的外部行为结果，软件测试过程简单说就是围绕缺陷进行的，对缺陷的跟踪管理，一般需要达到以下目标：

- 确保每个被发现的缺陷都能够被解决；这里“解决”的意思不一定是被修正，也可能是其他处理方式（例如，在下一个版本中修正或是不修正）。总之，对每个被发现的 Bug 的处理方式必须能够在开发组织中达到一致。
- 收集缺陷数据并根据缺陷趋势曲线识别测试过程的阶段；决定测试过程是否结束有很多种方式，通过缺陷趋势曲线来确定测试过程是否结束是常用并且较为有效的一种方式。
- 收集缺陷数据并在其上进行数据分析，作为组织的过程财富。

上述的第一条是最受到重视的一点，在谈到缺陷跟踪管理时，一般人都会马上想到这一条，然而对第二和第三条目标却很容易忽视。其实，在一个运行良好的组织中，缺陷数据的收集和分析是很重要的，从缺陷数据中可以得到很多与软件质量相关的数据。

2. 缺陷的来源

按照一般的定义，只要软件出现的问题符合下列 5 种情况中的任何一种，就叫做软件缺陷。

- 软件未达到产品说明书标明的功能。
- 软件出现了产品说明书指明不会出现的错误。
- 软件功能超出产品说明书指明范围。
- 软件未达到产品说明书虽未指出但应达到的目标。
- 软件测试员认为软件难以理解、不易使用、运行缓慢，或者最终用户认为不好。

实践表明，大多数软件缺陷产生的原因并非源自编程错误，主要来自产品说明书的编写和产品方案设计。例如，产品说明书编写得不全面、不完整和不准确，而且经常更改，或者整个开发组没有很好地沟通和理解。

软件缺陷的第二大来源是设计方案，也就是软件设计说明书，这是程序员开展软件计划和构架的地方，就像建筑师为建筑物绘制蓝图一样，这里产生软件缺陷的原因与产品说明书或需求说明书是一样的，片面、多变、理解与沟通不足。

3．错误与缺陷的分布

开发早期的错误通常是很多的，而且还会转移到后期。没有被发现的错误，以及那些在开发过程中很晚才被发现的错误成本非常高，没有被发现的错误就在系统迁移，扩散，最终导致系统失效，直到很晚才发现的错误往往造成昂贵的返工代价。缺陷与错误的分布：需求占56%，设计占27%，代码占7%，其他占10%。

四、软件测试的复杂性与经济性分析

人们在对软件工程开发的常规认识中，认为开发程序是一个复杂而困难的过程，需要花费大量的人力、物力和时间，而测试一个程序则比较容易，不需要花费太多的精力。这其实是人们对软件工程开发过程理解上的一个误区。在实际的软件开发过程中，作为现代软件开发工业一个非常重要的组成部分，软件测试正扮演着越来越重要的角色。随着软件规模的不断扩大，如何在有限的条件下对被开发软件进行有效的测试正成为软件工程中一个非常关键的课题。

设计测试用例是一项细致并且需要具备高度技巧的工作，稍有不慎就会顾此失彼，发生不应有的疏漏。下面分析了容易出现问题的根源。

（1）完全测试是不现实的。

在实际的软件测试工作中，不论采用什么方法，由于软件测试情况数量极其巨大，都不可能进行完全、彻底的测试。所谓彻底测试，就是让被测程序在一切可能的输入情况下全部执行一遍。通常也称这种测试为“穷举测试”。穷举测试会引起以下几种问题：输入量太大；输出结果太多；软件执行路径太多；说明书存在主观性。

E.W.Dijkstra的一句名言对测试的不彻底性作了很好的注解：“程序测试只能证明错误的存在，但不能证明错误的不存在”。由于穷举测试工作量太大，实践上行不通，这就注定了一切实际测试都是不彻底的，也就不能够保证被测试程序在理论上不存在遗留的错误。

（2）软件测试是有风险的。

穷举测试的不可行性使得大多数软件在进行测试的时候只能采取非穷举测试，这又意味着一种冒险。比如在使用Microsoft Office工具中的Word时，可以作这样的一个测试：①新建一个Word文档；②在文档中输入汉字“胡”；③设置其字体属性为“隶书”，字号为“初号”，效果为“空心”；④将页面的显示比例设为“500%”。这时在“胡”字的内部会出现“胡万进印”四个字。类似问题在实际测试中如果不使用穷举测试是很难发现的，而如果在软件投入市场时才发现，则修复代价就会非常高。这就会产生一个矛盾：软件测试员不能做到完全的测试，不完全测试又不能证明软件的百分之百可靠。那么如何在这两者的矛盾中找到一个相对的平衡点呢？

由如图1-1所示的最优测试量示意图可以观察到，当软件缺陷降低到某一数值后，随着测试数量的不断上升，软件缺陷并没有明显地下降。这是软件测试工作中需要注意的重要问题。如何把测试数据量巨大的软件测试减少到可以控制的范围、如何针对风险做出最明智的选择是软件测试人员必须能够把握的关键问题。

图1-1的最优测试量示意图说明了发现软件缺陷数量和测试量之间的关系，随着测试量的

增加，测试成本将呈几何数级上升，而软件缺陷降低到某一数值之后将没有明显的变化，最优测量值就是这两条曲线的交点。

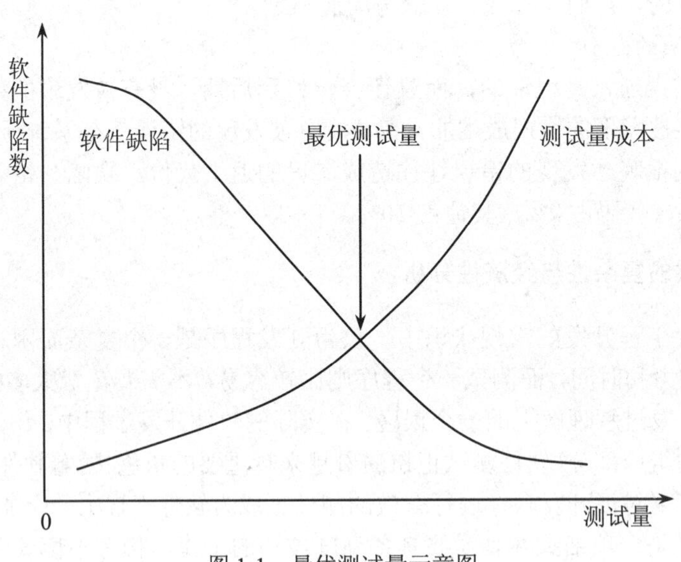

图 1-1 最优测试量示意图

（3）杀虫剂现象。

1990 年，Boris Beizer 在其编著的《Software Testing Techniques》（第二版）中提到了“杀虫剂怪事”一词，同一种测试工具或方法用于测试同一类软件越多，则被测试软件对测试的免疫力就越强。这与农药杀虫是一样的，总用一种农药，则害虫就有了免疫力，农药就失去了作用。

由于软件开发人员在开发过程中可能碰见各种各样的主客观因素，再加上不可预见的突发性事件，所以再优秀的软件测试员，采用一种测试方法或者工具也不可能检测出所有的缺陷。为了克服被测试软件的免疫力，软件测试员必须不断编写新的测试程序，对程序的各个部分进行不断的测试，以避免被测试软件对单一的测试程序具有免疫力而使软件缺陷不被发现。这就对软件测试人员的素质提出了很高的要求。

（4）缺陷的不确定性。

在软件测试中，还有一个让人不容易判断的现象是缺陷的不确定性，即并不是所有的软件缺陷都需要被修复。究竟什么才算是软件缺陷是一个很难把握的标准，在任何一本软件测试的书中都只能给出一个笼统的定义。实际测试中需要把这一定义根据具体的被测对象明确化。即使这样，具体的测试人员对软件系统的理解不同，还是会出现不同的标准。

软件测试的经济性有两方面体现：一是体现在测试工作在整个项目开发过程中的重要地位；二是体现在应该按照什么样的原则进行测试，以实现测试成本与测试效果的统一。

软件工程的总目标是：充分利用有限的人力和物力资源，高效率、高质量地完成测试。

五、软件测试人员应具备的素质

计算机领域的专业技能是测试工程师应该必备的一项素质，是做好测试工作的前提条件。尽管没有任何 IT 背景的人也可以从事测试工作，但是一名要想获得更大发展空间或者持久竞争力的测试工程师，其计算机专业技能是必不可少的。一个有竞争力的测试人员要具有下面三个方面的专业技能：

（1）测试专业技能。

现在软件测试已经成为一个很有潜力的专业。要想成为一名优秀的测试工程师，首先应该具有扎实的专业基础，这也是本书的编写目的之一。因此，测试工程师应该努力学习测试专业知识，告别简单的“单击”之类的测试工作，让测试工作以自己的专业知识为依托。

测试专业知识很多，本书内容主要以测试人员应该掌握的基础专业技能为主。测试专业技能涉及的范围很广，既包括黑盒测试、白盒测试、测试用例设计等基础测试技术，也包括单元测试、功能测试、集成测试、系统测试、性能测试等测试方法，还包括基础的测试流程管理、缺陷管理、自动化测试技术等知识。

（2）软件编程技能。

“测试人员是否需要编程”可以说是测试人员最常提出的问题之一。实际上，由于在我国，开发人员待遇普遍高于测试人员，因此能写代码的几乎都去做开发了，而很多人则是因为做不了开发或者不能从事其他工作才“被迫”从事测试工作。最终的结果则是很多测试人员只能从事相对简单的功能测试，能力强一点的则可以借助测试工具进行简单的自动化测试（主要是录制、修改、回放测试脚本）。

软件编程技能实际应该是测试人员的必备技能之一，在微软，很多测试人员都拥有多年的开发经验。因此，测试人员要想得到较好的职业发展，必须能够编写程序。只有能编写程序，才可以胜任诸如单元测试、集成测试、性能测试等难度较大的测试工作。

此外，对软件测试人员的编程技能要求也有别于开发人员：测试人员编写的程序应着眼于运行正确，同时兼顾高效率，尤其体现在与性能测试相关的测试代码编写上。因此测试人员要具备一定的算法设计能力。依据作者的经验，测试工程师至少应该掌握 Java、C#、C++之类的一门语言以及相应的开发工具。

（3）网络、操作系统、数据库、中间件等知识。

与开发人员相比，测试人员掌握的知识具有“博而不精”的特点，“艺多不压身”是个非常形象的比喻。由于测试中经常需要配置、调试各种测试环境，而且在性能测试中还要对各种系统平台进行分析与调优，因此测试人员需要掌握更多网络、操作系统、数据库等知识。

在网络方面，测试人员应该掌握基本的网络协议及网络工作原理，尤其要掌握一些网络环境的配置，这些都是测试工作中经常遇到的知识。

操作系统和中间件方面，应该掌握基本的使用、安装、配置等。例如很多应用系统都是基于 UNIX、Linux 来运行的，这就要求测试人员掌握基本的操作命令及相关的工具软件。而 WebLogic、WebSphere 等中间件的安装、配置很多时候也需要掌握一些。

数据库知识则更是应该掌握的技能，现在的应用系统几乎离不开数据库。因此不但要掌握基本的安装、配置，还要掌握 SQL。测试人员至少应该掌握 My SQL、MS SQL Server、Oracle 等常见数据库的使用。

作为一名测试人员，尽管不能精通所有的知识，但要想做好测试工作，应该尽可能地去学习更多与测试工作相关的知识

根据有关职位统计资料显示，在国外大多数软件公司，1 个软件开发工程师就需要辅有 2 个软件测试工程师。目前，软件测试自动化技术在我国则刚刚被少数业内专家所认知，而这方

面的专业技术人员在国内更是凤毛麟角。根据对近期网络招聘 IT 人才情况的了解，许多正在招聘软件测试工程师的企业很少能够在招聘会上顺利招到合适的人才。

随着中国 IT 行业的发展，产品的质量控制与质量管理正逐渐成为企业生存与发展的核心。从软件、硬件到系统集成，几乎每个中大型 IT 企业的产品在发布前都需要大量的质量控制、测试和文档工作，而这些工作必须依靠拥有娴熟技术的专业软件人才来完成。而软件测试工程师就是其中之一。

据了解，由于软件测试工程师处于重要岗位，所以必须具有电子、电机类相关专业知识背景，并且还应有两年以上的实际操作经验。他们应熟悉中国和国际软件测试标准，熟练掌握和操作国际流行的系列软件测试工具，能够承担比较复杂的软件分析、测试、品质管理等任务，并能独立担任测试、品质管理部门的负责人。一般情况下，软件测试工程师可分为测试工程师、高级测试工程师和资深测试工程师三个等级。

在具体工作过程中，测试工程师的工作是利用测试工具，按照测试方案和流程对产品进行功能和性能测试，甚至需要编写不同的测试工具，设计和维护测试系统，对测试方案可能出现的问题进行分析和评估。对软件测试工程师而言，必须具有高度的工作责任心和自信心。任何严格的测试必须是一种实事求是的测试，因为它关系到一个产品的质量问题，而测试工程师则是产品出货前的把关人，所以，没有专业的技术水准是无法胜任这项工作的。同时，由于测试工作一般由多个测试工程师共同完成，并且测试部门一般要与其他部门的人员进行较多的沟通，所以要求测试工程师不但要有较强的技术能力，而且要有较强的沟通能力。

因此，在企业内部，软件测试工程师基本处于“双高”地位，即地位高、待遇高，有的人月薪可高达 8000 元。可以说他们的职业前景非常广阔，从近期的企业人才需求和薪金水平来看，软件测试工程师的年薪有逐年上升的明显迹象。测试工程师这个职位必将成为 IT 就业的新亮点。

缺陷跟踪管理流程如图 1-2 所示，测试人员发现一个新 Bug，则将其状态置为 New，由项目经理或者测试经理审核该 Bug 是否为真正的缺陷，如果是，则将 Bug 状态置为 Open，并将该 Bug 进行评级，分配给相应的开发人员，开发人员在接到该 Bug 后对其进行修复（如果项目经理没有进行审核就直接分配，此时开发人员可以拒绝修复该 Bug），修复完成后则提交给测试人员做相应的验证，如果验证通过，则关闭该 Bug；如果没有通过，则重新打开该 Bug。

在 Bug 的跟踪管理过程中有很多的关键字，下面就对这些关键字进行一一说明：

Bug 的流转状态关键字

- 未确定的（Unconfirmed）。这个 Bug 最近才被发现，还没有人确认它是否真的存在，如果有其他测试人员碰到了同样的问题，就可以将这个 Bug 标志为 New，或者将这个 Bug 删除，或者做上 Closed 标记。
- 新加入的（New）。这个 Bug 最近被测试人员添加到 Bug 列表中，是已经被证实存在且必须修改的。即将被分配，如果分配了，可以标志为 Assigned，未分配则将保留 New 标志，或者做上 Resolved 标记。
- 确认分配的（Assigned）。测试人员将 Bug 的修复任务分配给具体的实现人员，如果 Bug 不属于被分配实现人员的范围，可置为 Reassigned，等待被重新指定相关修改人员。

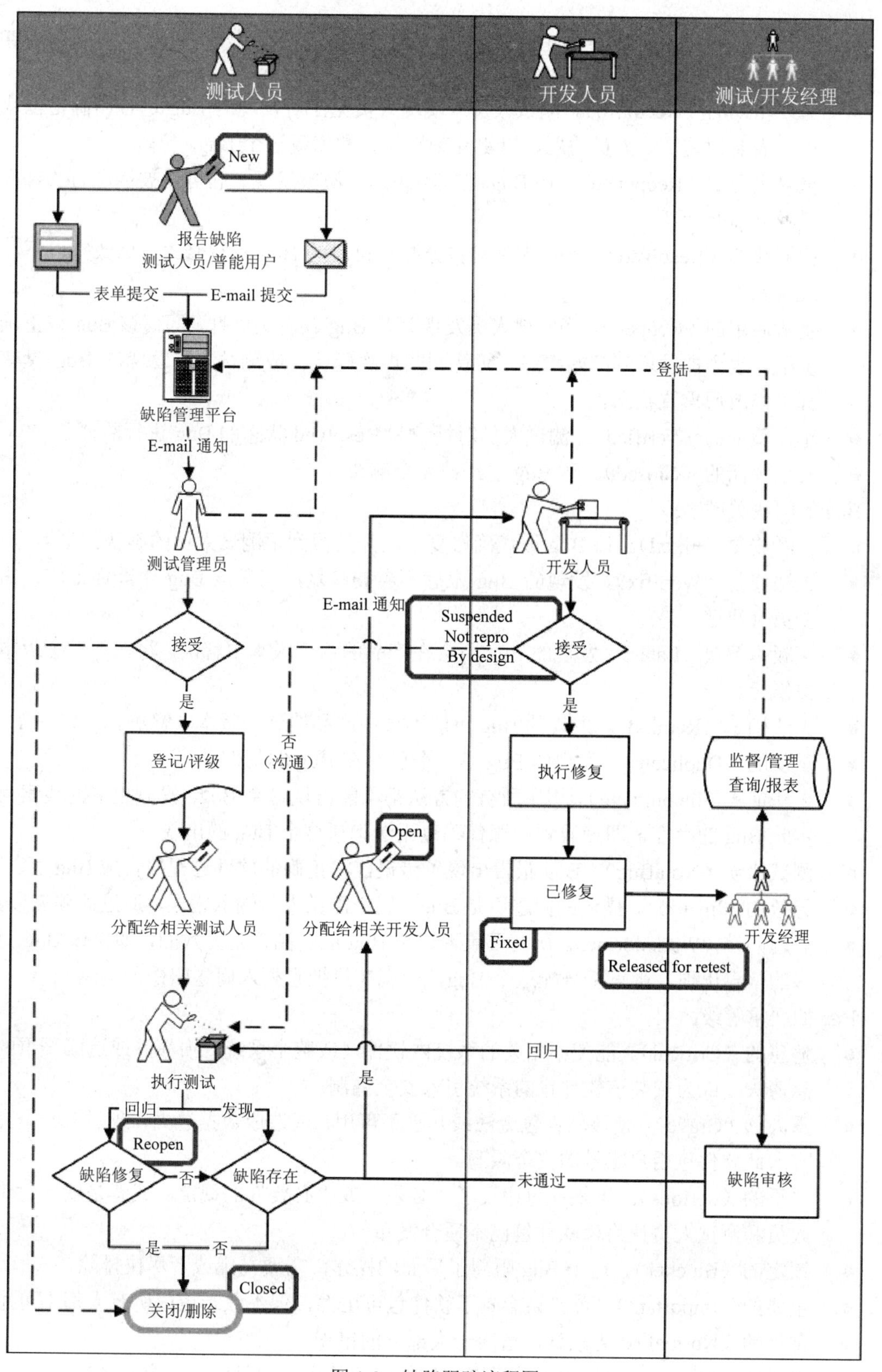
测试人员
开发人员
测试/开发经理
New
报告缺陷
测试人员/普能用户
表单提交
E-mail 提交
缺陷管理平台
E-mail 通知
登陆
测试管理员
开发人员
E-mail 通知
Suspended
Not repro
By design
接受
接受
是
是
否
（沟通）
登记/评级
执行修复
监督/管理
查询/报表
Open
分配给相关测试人员
分配给相关开发人员
已修复
Fixed
开发经理
Released for retest
回归
执行测试
是
回归
发现
Reopen
缺陷修复
否
缺陷存在
未通过
缺陷审核
是
否
Closed
关闭/删除

图 1-2　缺陷跟踪流程图

- 重新分配的（Reassigned）。该 Bug 不属于被分配实现人员的范围，可置为 Reassigned 等待被重新指定相关修改人员。
- 需要帮助的（Needinfo）。测试人员或实现人员无法对发现的 Bug 进行精确定位或描述，需要相关实现人员协助，以更深刻地认识和修复这个 Bug。
- 重复出现的（Reopened）。该 Bug 已经不是第一次被发现，它可以被标志为 Assigned 或者 Resolved。
- 已解决的（Resolved）。实现人员对被分配给自己的 Bug 进行修改，修改完以后，修改状态。
- 重新启用的（Reopen）。当实现人员发现某些 Bug 具有关联性，即使该 Bug 被正确修复了，也会被发送到起始状态，等待回归再次确认。或测试人员发现该 Bug 没有被真正修改后重置状态。
- 正在验证的（Verified）。测试人员对标记为 Resolved 状态的 Bug 进行验证。
- 安全关闭的（Closed）。该 Bug 已经被完全解决。

Bug 的解决关键字：

- 已经修复（Fixed）。该 Bug 被正确修复了，并且得到了测试人员的确认。
- 无法修复（Wontfix）。发现的 Bug 永远不会被修复，或者该 Bug 牵涉面太广，需要委员会决定。
- 下版本解决（Later）。发现的 Bug 不会在产品的这个版本中解决，将在下一个版本中被修复。
- 无法确定（Remind）。发现的 Bug 可能不会在产品的这个版本中解决。
- 重复的（Duplicate）。发现的 Bug 是一个已存在 Bug 的复件。
- 无法证实（Incomplete）。用了所有的方法都不能再现这个 Bug，没有更多的线索来证实此 Bug 的存在，即使看程序源代码也无法确认这个 Bug 的出现。
- 测试错误（NotaBug）。Bug 报告出现了错误，将正确的软件过程报告成 Bug 了。
- 无效的（Invalid）。描述的问题不是 Bug，属于测试人员输入错误，通过此项来取消。
- 问题归档（Worksforme）。所有要重现这个 Bug 的企图都是无效的，如果该 Bug 有更多的信息出现，则重新分配这个 Bug，而现在只把它列入问题归档。

Bug 的严重等级：

- 危急的（Critical）。能使不相关的系统内软件（或整个系统）损坏，或造成严重的信息遗失，或为安装该软件包的系统引入安全漏洞。
- 重大的（Grave）。使该软件包无法或几乎不可用，或造成数据遗失，或引入一个允许侵入此软件包用户账号的安全漏洞。
- 严重的（Serious）。该软件包违反了“必须”或“必要”的规定，或者是软件包维护人员和测试人员认为该软件包已不适合发布。
- 锁定的（Blocker）。这个 Bug 阻碍了后面的操作，需要马上或者尽快排除
- 重要的（Important）。该错误影响了软件包可用性，但不致于造成所有人都不可用。
- 常规的（Normal）。为默认，适用于大部分的错误。
- 轻微的（Minor）。该错误不致于影响软件包的使用，而且应该很容易解决。

- 微不足道的（Trivial）。该错误无关紧要，多指外观 GUI 上的字符拼写错误，不影响整个项目。

在实际工作中一般分为“致命”、“严重”、“一般”、“建议”四种缺陷的紧急程度就可以了，如果用 1～4 表示其严重级别，则 1 是优先级最高的等级，4 是优先级最低的等级。

理论上 Bug 处理的优先级有以下 5 级：

Bug 处理的优先等级

- 立刻修复（Immediate）。这个 Bug 已经阻碍了开发工作或者测试工作，需要立刻修复。
- 马上修复（Urgent）。这个 Bug 阻碍了软件的一部分应用，如果不修复将妨碍下面计划的实施。
- 尽快修复（High）。真实存在的并不是很严重，在版本发布之前修复。
- 正常修复（Normal）。有充足的时间来修复这个问题，并且这个 Bug 给现行的系统的影响不大。
- 考虑修复（Low）。不是什么关键 Bug，在时间允许的时候可以考虑修复。

一个完成的缺陷应该包括以下几个方面的内容，如表 1-1 所示。

表 1-1 缺陷内容列表

可追踪信息	缺陷 ID	唯一的缺陷 ID，可以根据该 ID 追踪缺陷
缺陷基本信息	缺陷状态	缺陷的状态，分为“待分配”、“待修正”、“待验证”、“待评审”、“关闭”
	缺陷标题	描述缺陷的标题
	缺陷的严重程度	描述缺陷的严重程度，一般分为“致命”、“严重”、“一般”、“建议”四种
	缺陷的紧急程度	描述缺陷的紧急程度有 1～4 级，1 是优先级最高的等级，4 是优先级最低的等级
	缺陷提交人	缺陷提交人的名字（邮件地址）
	缺陷提交时间	缺陷提交的时间
	缺陷所属项目/模块	缺陷所属的项目和模块，最好能较精确地定位至模块
	缺陷指定解决人	缺陷指定的解决人，在缺陷“提交”状态为空，缺陷“分发”状态下，由项目经理指定相关开发人员修改
	缺陷指定解决时间	项目经理指定的开发人员修改此缺陷的 deadline
	缺陷处理人	最终处理缺陷的处理人
	缺陷处理结果描述	对处理结果的描述，如果对代码进行了修改，要求在此处体现出来
缺陷基本信息	缺陷处理时间	缺陷处理的时间
	缺陷验证人	对被处理缺陷验证的验证人
	缺陷验证结果描述	对验证结果的描述（通过、不通过）
	缺陷验证时间	对缺陷验证的时间
缺陷的详细描述		对缺陷的详细描述；之所以把这项单独列出来，是因为对缺陷描述的详细程度直接影响开发人员对缺陷的修改，描述应该尽可能详细
测试环境说明		对测试环境的描述
必要的附件		对于某些文字很难表达清楚的缺陷，使用图片等附件是必要的

巩固与提高

一、选择题

1．实施缺陷跟踪的目的是（　　）。

A．软件质量无法控制　　B．问题无法量化

C．重复问题接连产生　　D．解决问题的知识无法保留

E．确保缺陷得到解决　　F．使问题形成完整的闭环处理

2．TTP 支持以下（　　）平台。

A．Windows　　B．Solaris　　C．Linux　　D．Mac OS X

3．Fixed 的意思是指（　　）。

A．该 Bug 被正确修复了，并且得到了测试人员的确认

B．该 Bug 被拒绝了，得到了测试人员的确认

C．该 Bug 没有被修复，但得到了测试人员的确认

D．该 Bug 被关闭了，但得到了测试人员的确认

二、填空题

1．__________表示已经修复，该 Bug 被正确修复了，并且得到了测试人员的确认。

2．描述缺陷的严重程度，一般分为__________、__________、__________、__________四种。

3．__________指在软件生存期内不希望或不可接受的人为错误，其结果是导致软件缺陷的产生。

三、操作题

在您以往的工作中，一条软件缺陷（Bug）记录都包含了哪些内容？如何提交高质量的软件缺陷记录？

第二章　软件测试基础

工作目标

知识目标

- 掌握软件测试的目的和原则。
- 掌握软件测试的分类。
- 熟悉软件质量保证与软件测试。
- 掌握软件测试的模型。

技能目标

- 掌握软件测试过程中模型的应用。

素养目标

- 培养学生的动手和自学能力。

工作任务

根据软件定义，软件包括程序、数据和文档，所以软件测试并不仅仅是程序测试。软件测试应贯穿于整个生命周期中。在整个软件生命周期中，各个阶段有不同的测试对象，形成了不同开发阶段的不同类型测试。需求分析、概要设计、详细设计以及程序编码等各阶段所得到的文档（包括需求规格说明、概要设计说明、详细设计说明、程序、用户文档）都是软件测试的对象。

给软件带来错误的原因很多，主要有如下几点：

（1）交流不够、交流上有误解或者根本不进行交流。

在应用应该做什么或不应该做什么的细节（应用的需求）不清晰的情况下进行开发。

（2）软件复杂性。

图形用户界面（GUI）、客户/服务器结构、分布式应用、数据通信、超大关系型数据库以及庞大的系统规模使得软件及系统的复杂性呈指数增长，没有现代软件开发经验的人很难理解它。

（3）程序设计错误。

像所有的人一样，程序员也会出错。

（4）需求变化。

需求变化的影响是多方面的，客户可能不了解需求变化带来的影响，也可能知道但又不得不那么做。需求变化的后果可能是造成系统的重新设计、设计人员日程的重新安排、已经完成的工作可能要重做或者完全抛弃、对其他项目产生影响、硬件需求可能要因此改变等。如果有许多小的改变或者一次大的变化，项目各部分之间已知或未知的依赖性可能会相互影响而导致更多问题的出现，需求改变带来的复杂性可能导致错误，还可能影响工程参与者的积极性。

（5）时间压力。

软件项目的日程表很难做到准确，很多时候需要预计和猜测。当最终期限迫近和关键时刻到来之际，错误也就跟着来了。

（6）太过自信。

自负人更喜欢说“没问题”、“这事情很容易”、“几个小时我就能拿出来”。太多不切实际的“没问题”，结果只能是引入错误。

（7）代码文档贫乏。

贫乏或者差劲的文档使得代码维护和修改变得异常艰辛，其结果是带来许多错误。事实上，许多机构并不鼓励其程序员为代码编写文档，也不鼓励程序员将代码写得清晰和容易理解，相反，他们认为少写文档可以更快地进行编码，无法理解的代码更易于工作的保密（“写得艰难必定读得痛苦”）。

（8）软件开发工具。

可视化工具、类库、编译器、脚本工具等，它们常常会将自身的错误带到应用软件中。就像我们所知道的，没有良好的工程化作为基础，使用面向对象的技术只会使项目变得更复杂。

为了更好地解决这些问题，软件界做出了各种各样的努力。但是对软件质量来说作用都不大，直到受到其他行业项目工程化的启发，软件工程学出现了，软件开发被视为一项工程，以工程化的方法来进行规划和管理软件的开发。

事实上，对于软件来讲，不论采用什么技术和什么方法，软件中仍然会有错。采用新的语言、先进的开发方式、完善的开发过程，可以减少错误的引入，但是不可能完全杜绝软件中的错误，这些引入的错误需要测试来找出，软件中的错误密度也需要测试来进行估计。

测试是所有工程学科的基本组成单元，是软件开发的重要部分。自有程序设计的那天起，测试就一直伴随着。统计表明，在典型的软件开发项目中，软件测试工作量往往占软件开发总工作量的40%以上。而在软件开发的总成本中，用在测试上的开销要占30%到50%。如果把维护阶段也考虑在内，讨论整个软件生存期时，测试的成本比例也许会有所降低，但实际上维护工作相当于二次开发，乃至多次开发，其中必定还包含有许多测试工作。因此，测试对于软件生产来说是必需的，问题是我们应该思考“测什么内容，采用什么方法、如何安排测试”？

工作计划与实施

任务分析之问题清单

- 软件测试的目的和原则。
- 软件测试的分类。

- 软件质量保证与软件测试。
- 软件测试过程模型。

任务解析与实施

一、软件测试的目的

软件测试的目的决定了如何去组织测试。如果测试的目的是为了尽可能多地找出错误，那么测试就应该直接针对软件比较复杂的部分或是以前出错比较多的位置。如果测试目的是为了给最终用户提供具有一定可信度的质量评价，那么测试就应该直接针对在实际应用中会经常用到的商业假设。

不同的机构会有不同的测试目的；相同的机构也可能有不同的测试目的，可能是测试不同区域或是对同一区域的不同层次的测试。

在谈到软件测试时，许多人都引用 Grenford J. Myers 在《The Art of SoftwareTesting》一书中的观点：

①软件测试是为了发现错误而执行程序的过程。

②测试是为了证明程序有错，而不是证明程序无错误。

③一个好的测试用例在于它能发现至今未发现的错误。

④一个成功的测试是发现了至今未发现的错误的测试。

这种观点可以提醒人们测试要以查找错误为中心，而不是为了演示软件的正确功能。但是仅凭字面意思理解这一观点可能会产生误导，认为发现错误是软件测试的唯一目的，查找不出错误的测试就是没有价值的，事实并非如此。

首先，测试并不仅仅是为了要找出错误。通过分析错误产生的原因和错误的分布特征，可以帮助项目管理者发现当前所采用的软件过程的缺陷，以便改进。同时，这种分析也能帮助我们设计出有针对性的检测方法，改善测试的有效性。

其次，没有发现错误的测试也是有价值的，完整的测试是评定测试质量的一种方法。详细而严谨的可靠性增长模型可以证明这一点。例如：Bev Littlewood 发现一个经过测试而正常运行了 n 小时的系统，有继续正常运行 n 小时的概率。

二、软件测试的原则

基于软件测试是为了寻找软件的错误与缺陷，评估与提高软件质量，我们提出一组如下测试原则：

（1）所有的软件测试都应追溯到用户需求。

这是因为软件的目的是使用户完成预定的任务，并满足用户的需求，而软件测试所揭示的缺陷和错误使软件达不到用户的目标，满足不了用户需求。

（2）应当把“尽早地和不断地进行软件测试”作为软件测试者的座右铭。

由于软件的复杂性和抽象性，在软件生命周期各个阶段都可能产生错误，所以不应把软件测试仅仅看作是软件开发的一个独立阶段的工作，而应当把它贯穿到软件开发的各个阶段，并且在软件开发的需求分析和设计阶段就进行测试工作，编写测试文档，这样才能在开发过程中尽早发现和预防错误，杜绝某些缺陷和隐患，提高软件质量。

问题发现得越早，解决问题的代价就越小，这是一条真理。发现软件错误的时间在整个软件过程阶段中越靠后，修复它所消耗的资源就越大，如图 2-1 所示。

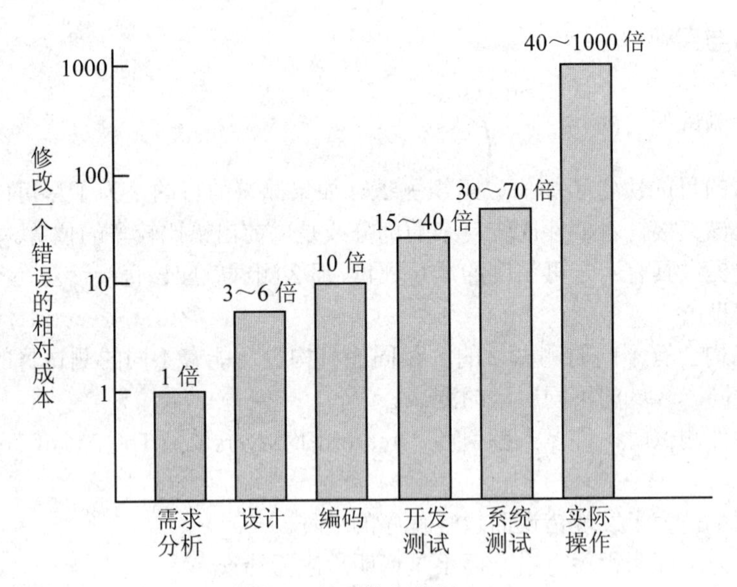

图 2-1　缺陷修复费用

（3）完全测试是不可能的，测试需要终止。

在测试中，由于输入量太大、输出结果太多以及路径组合太多，想要进行完全的测试，在有限的时间和资源条件下是不可能的。下面我们以大家所熟悉的计算器（图 2-2）为例来说明。

图 2-2　计算机

输入：1+0、1+1、1+……、1+9…9，全部完成后继续操作 2+1、2+2、一直到 2+9…9，全部整数完成，开始测试小数 1.0+0.1、1.0+0.2……持续下去。

在验证完整数相加、小数相加后继续进行后面的减、乘、除运算，一切的噩梦还没有结束，我们还需要测试一下可能的错误输入，比如 1+ " !@#$%～&*() " ，这些组合穷无尽。

（4）测试无法显示软件潜在的缺陷。

进行测试是可以查找并报告所发现的软件缺陷和错误，但不能保证软件的缺陷和错误全部找到，继续进一步测试可能还会找到一些，也就是说，测试只能证明软件存在错误，而不能证明软件没有错误。换句话说，彻底的测试是不可能的。

（5）充分注意测试汇总的群集现象。

经验表明，测试后，程序中残存的错误数目与该程序中已发现的错误数目或检错率成正比。根据这个规律，我们要对错误群集的程序段进行重点测试，以提高测试投资的有效率。例如，在美国 IBM 公司的 OS/370 操作系统中，47%的错误仅与该系统的 4%的程序模块有关。

（6）程序员应避免检查自己的程序。

从心理上来说，人们总不愿承认自己有错，而让程序员自己来揭示自己的错误也比较难，因此，为达到测试目的，我们尽量让单独的测试部门来做。

（7）尽量避免测试的随意性。

测试是一个有组织、有计划、有步骤的活动，不是随意的工作。

三、软件测试的分类

软件测试的方法和技术是多种多样的。对于软件测试技术，可以从不同的角度加以分类：

（1）从是否需要执行被测软件的角度，可分为静态测试和动态测试。

顾名思义，静态测试就是通过对被测程序的静态审查，发现代码中潜在的错误。它一般用人工方式脱机完成，故亦称人工测试或代码评审（Code Review）；也可借助于静态分析器在机器上以自动方式进行检查，但不要求程序本身在机器上运行。按照评审的不同组织形式，代码评审又可分为代码会审、走查、办公桌检查、同行评分 4 种。对某个具体的程序，通常只使用一种评审方式。

动态测试是通常意义上的测试，即使用和运行被测软件。动态测试的对象必须是能够由计算机真正运行的被测试的程序，它包含黑盒测试和白盒测试。

（2）从测试是否针对系统的内部结构和具体实现算法的角度来看，可分为白盒测试和黑盒测试。

黑盒测试也称功能测试或数据驱动测试，它通过测试来检测已知产品所应具有的每个功能是否都能正常使用。在测试时，把程序看作一个不能打开的黑盒子，在完全不考虑程序内部结构和内部特性的情况下，测试者在程序接口进行测试，它只检查程序功能是否按照需求规格说明书的规定正常使用，程序是否能适当地接收输入数据而产生正确的输出信息，并且保持外部信息（如数据库或文件）的完整性。黑盒测试方法主要有等价类划分、边值分析、因果图、错误推测等，主要用于软件确认测试。

“黑盒”法着眼于程序外部结构，不考虑内部逻辑结构，针对软件界面和软件功能进行测试。“黑盒”法是穷举输入测试，只有把所有可能的输入都作为测试情况使用，才能以这种方法查出程序中所有的错误。实际上测试情况有无穷多个，人们不仅要测试所有合法的输入，而且还要对那些不合法但是可能的输入进行测试。

白盒测试也称结构测试或逻辑驱动测试，它知道产品内部工作过程，可通过测试来检测产品内部动作是否按照规格说明书的规定正常进行，按照程序内部的结构测试程序，检验程序中的每条通路是否都能按预定要求正确工作，而不顾它的功能。白盒测试的主要方法有逻辑驱动、基路测试等，主要用于软件验证。

“白盒”法全面了解程序内部逻辑结构、对所有逻辑路径进行测试。“白盒”法是穷举路径测试。在使用这一方案时，测试者必须检查程序的内部结构，从检查程序的逻辑着手，得出测试数据。贯穿程序的独立路径数是天文数字。但即使每条路径都测试了，仍然可能有错误。

第一，穷举路径测试决不能查出程序违反了设计规范，即程序本身是个错误的程序；第二，穷举路径测试不可能查出程序中因遗漏路径而出错；第三，穷举路径测试可能发现不了一些与数据相关的错误。

（3）按测试策略和过程，可为分单元测试、集成测试、系统测试、验收测试。

单元测试：单元测试又称模块测试，是针对软件设计的最小单位——程序模块进行正确性检验的测试工作，其目的在于检查每个程序单元能否正确实现详细设计说明中的模块功能、性能、接口和设计约束等要求，发现各模块内部可能存在的各种错误。

集成测试：集成测试也叫组装测试。通常在单元测试的基础上，将所有的程序模块进行有序的、递增的测试。它分成一次性集成和增殖式集成，增殖式集成又分成自顶向下的增殖方式和自底向上的增值方式。

系统测试：将软件作为基于计算机系统的一个元素，与计算机硬件、外设、某些支持软件、数据和人员等其他系统元素结合在一起，在实际运行（使用）环境下，对计算机系统进行一系列的组装测试和确认测试。

系统测试的通过原则包括：规定的测试用例都已经执行；Bug 都已经确认修复；软件需求说明书中规定的功能都已经实现；测试结果都已经得到评估确认。

验收测试：在通过了系统的有效性测试及软件配置审查之后，就开始系统的验收测试。它是以用户为主的测试，软件开发人员和 QA 人员应参与。在测试过程中，除了考虑软件的功能和性能之外，还应对软件的可移植性、兼容性、可维护性、错误的恢复功能等进行确认。

验收测试的通过原则包括：软件需求分析说明书中定义的所有功能已全部实现，性能指标全部达到要求；所有测试项没有残余一级、二级和三级错误；立项审批表、需求分析文档、设计文档和编码实现一致；验收测试工件齐全。

（4）按照实施组织划分，可分为开发方测试（α测试）、用户测试（β测试）、第三方测试。

开发方测试（α测试）：企业内部通过检测和提供客观证据，证实软件的实现是否满足规定的需求。

用户测试（β测试）：主要是把软件产品有计划地免费分发到目标市场，让用户大量使用，并评价、检查软件。

第三方测试：介于软件开发方和用户方之间的测试组织的测试。第三方测试也称为独立测试。

常见的一些软件测试如下：

（1）冒烟测试。

一个初始的快速测试工作，是决定软件或者新发布的版本测试是否可以执行下一步的“正规”测试。如果软件或者新发布的版本每 5 分钟与系统冲突，使系统陷于泥潭，说明该软件不够“健全”，目前不具备进一步测试的条件。

（2）回归测试。

软件或环境的修复或更正后的“再测试”，自动测试工具对这类测试尤其有用。

（3）性能测试。

测试软件的运行性能。这种测试常与压力测试结合进行，如传输连接的最长时限、传输的错误率、计算的精度、记录的精度、响应的时限和恢复时限等。

（4）负载测试。

测试软件在重负荷下的运行表现、系统的响应减慢或崩溃。

（5）压力测试。

测试系统在某一条件达到最高限度时，各项功能是否能依旧运行。

（6）可用性测试。

测试用户是否能够满意使用。具体体现为操作是否方便、用户界面是否友好等。

（7）安装/卸载测试。

对软件的全部、部分、升级安装或者卸载处理过程的测试。

（8）接受测试。

基于客户或最终用户的需求的最终测试，或基于用户一段时间的使用后，看软件是否满足客户要求。

（9）恢复测试。

采用人工的干扰使软件出错，中断使用，检测系统的恢复能力。

（10）安全测试。

验证安装在系统内的保护机构确实能够对系统进行保护，使之不受各种干扰。

（11）兼容测试。

测试软件在多个硬件、软件、操作系统、网络等环境下是否能正确运行。

（12）α测试。

在公司内部系统开发接近完成时对软件进行的测试，测试后仍然会有少量的设计变更。进行α测试时，开发者坐在用户旁边，随时记录用户发现的问题。

（13）β测试。

当开发和测试根本完成时所做的测试，而最终的错误和问题需要在最终发行前找到。β测试时，开发者不在测试现场，故是在开发者无法控制的环境下进行的测试，通常是由软件开发者向用户散发β版软件，然后收集用户的意见。

四、软件质量保证与软件测试

质量：它是“反映实体满足明确和隐含需要的能力和特性综合”。因此，质量是一种需要，“是一组固有特性满足要求的程度”。

质量管理：它是指以组织为质量中心、企业全员参与为基础，为追求客户满意和组织所有受益者满意而建立和形成的一整套质量方针、目标和体系。质量管理通过质量策划设定组织的质量目标，并规定必要的过程和相关资源；通过质量控制监视内部质量过程，排除质量控制过程中可能存在的缺陷隐患；通过质量改进提高内部的质量管理能力，改善组织内部的质量过程；通过质量保证提供足够的信任证据，表明组织有能力满足客户的质量要求。

质量管理体系：它是质量管理的运作实体，由组织结构、程序、过程、资源 4 个基本部分组成。

质量策划：它是“确定质量及采用质量管理体系要素和要求的活动”，包括产品策划、质量管理体系管理和运作策划、编制质量计划。

质量控制：为达到质量要求所采取的作业技术和活动。质量控制的对象是过程。

质量保证：是为了提供足够的信任证据，证明组织有关的各类实体有能力满足质量要求所实施，并在必要时进行证实的有计划、有系统的活动。

质量改进：是为了向组织的所有受益者提供更多的收益所采用的提高质量过程和效率的各种措施。

质量管理的发展阶段如下：

（1）产品质量检验阶段：这个时期的特征是对产品的质量进行检验。产品质量的检验只是一种事后的检查，不能预防不合格品的产生。

（2）统计质量管理阶段：它是运用概率论和数理统计的原理，提出控制生产过程，预防不合格产品的思想和方法。即通过小部分样品测试，推测和控制全体产品或工艺过程的质量状况。

（3）全面质量管理阶段：从以质量管理专业人员为核心进行质量管理，发展到管理者推动、组织各部门的人员都来进行学习和实行质量管理。

软件质量保证是软件工程领域中的一部分，为了确保软件开发过程和结果符合预期的要求而建立的一系列规程，以及依照规程和计划采取的一系列活动及其结果评价，软件开发过程是按照计划和规范实施的软件开发结果，包括完整的软件和文档，并且符合可预期的目标和检验标准。软件测试就是在软件投入运行前，对软件需求分析、设计规格说明和编码实现的最终审查，它是软件质量保证的关键步骤。通常对软件测试的定义有以下两种描述：

定义 1：软件测试是为了发现错误而执行程序的过程。

定义 2：软件测试是根据软件开发各阶段的规格说明和程序的内部结构而精心设计的一批测试用例，并利用这些测试用例运行程序以及发现错误的过程，即执行测试步骤。

SQA：从流程和标准上来控制开发过程，从而提高软件质量。

SQC：通过测试发现软件的问题并确保问题被解决，从而提高软件质量。

五、软件测试过程模型

软件开发的几十年中产生了很多的优秀模型，比如瀑布模型、螺旋模型、增量模型、迭代模型等，那么软件测试又有哪些模型可以指导我们进行工作呢？下面我们把一些主要的模型给大家介绍一下。

1. V 模型

V 模型是最具有代表意义的测试模型。它是软件开发瀑布模型的变种，它反映了测试活动与分析和设计的关系。如图 2-3 所示，从左到右，描述了基本的开发过程和测试行为，非常明确地标明了测试过程中存在的不同级别，并且清楚地描述了这些测试阶段和开发过程期间各阶段的对应关系。左边依次下降的是开发过程各阶段，与此相对应的是右边依次上升的部分，即各测试过程的各个阶段。

V 模型问题如下：

- 测试是开发之后的一个阶段。
- 测试的对象就是程序本身。
- 实际应用中，容易导致需求阶段的错误一直到最后的系统测试阶段才被发现。
- 整个软件产品的过程质量保证完全依赖于开发人员的能力和对工作的责任心，而且上一步的结果必须是充分和正确的，如果任何一个环节出了问题，则必将严重地影响整个工程的质量和预期进度。

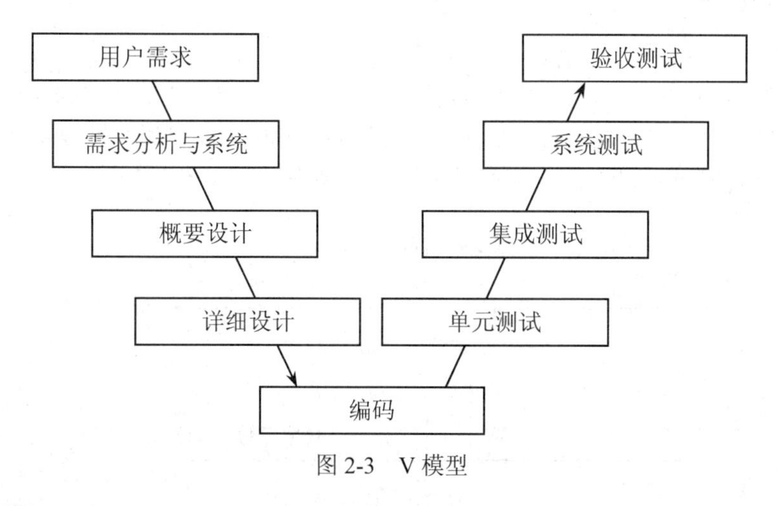

图 2-3　V 模型

2. W 模型

W 模型由 Evolutif 公司提出，相对于 V 模型，W 模型增加了软件各开发阶段中应同步进行的验证和确认活动。W 模型由两个 V 字型模型组成，分别代表测试与开发过程，如图 2-4 所示，图中明确表示出了测试与开发的并行关系。W 模型强调：测试伴随着整个软件开发周期，而且测试的对象不仅仅是程序，需求、设计等同样要测试，也就是说，测试与开发是同步进行的。W 模型有利于尽早地全面发现问题。例如，需求分析完成后，测试人员就应该参与到对需求的验证和确认活动中，以尽早地找出缺陷所在。同时，对需求的测试也有利于及时了解项目难度和测试风险，及早制定应对措施，这将显著减少总体测试时间，加快项目进度。但 W 模型也存在局限性。在 W 模型中，需求、设计、编码等活动被视为串行的，同时，测试和开发活动也保持着一种线性的前后关系，上一阶段完全结束，才可以正式开始下一个阶段工作。这样就无法支持迭代的开发模型。对于当前软件开发复杂多变的情况，W 模型并不能解除测试管理面临的困惑。

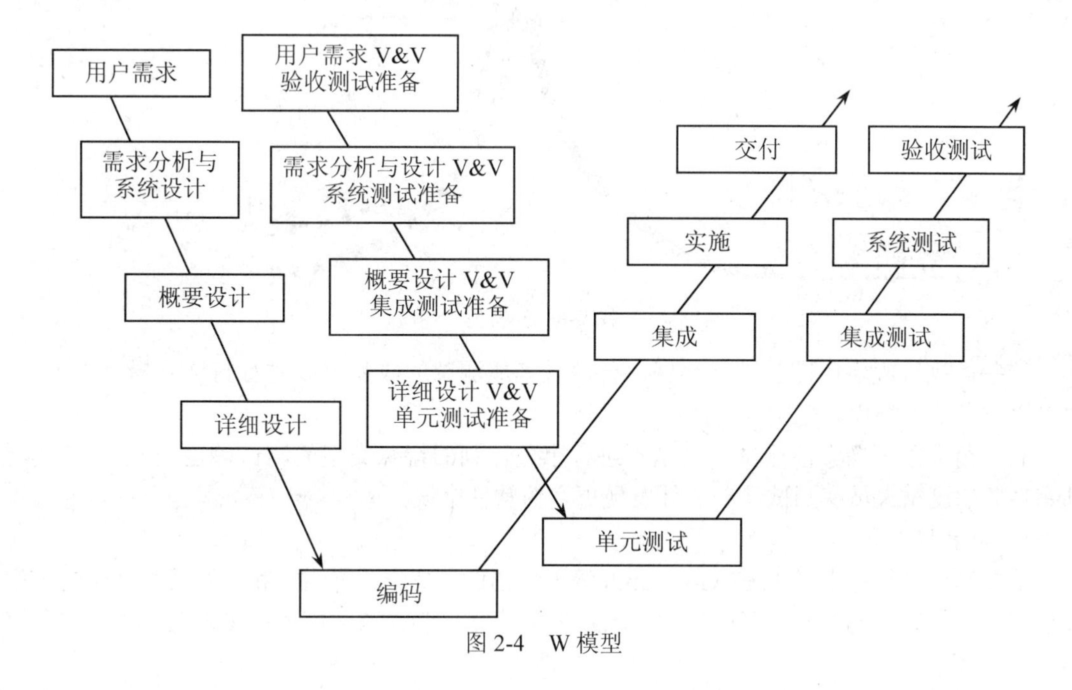

图 2-4　W 模型

3. H 模型

在 H 模型中，软件测试的过程活动完全独立，形成了一个完全独立的流程，贯穿于整个产品的周期，与其他流程并发进行，某个测试点准备就绪后，就可以从测试准备阶段进行到测试执行阶段。软件测试可以根据被测产品的不同分层进行。如图 2-5 所示。

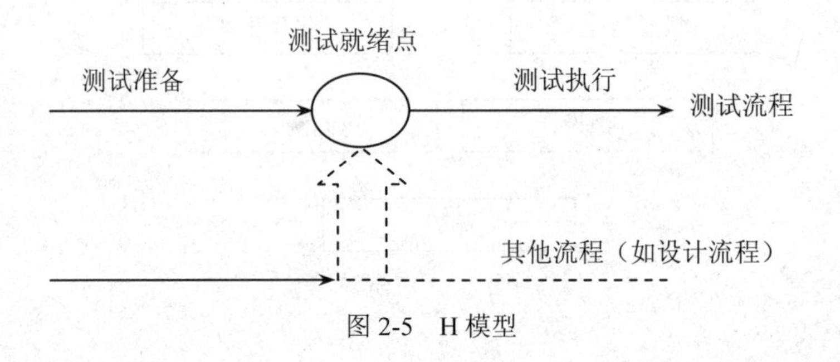

图 2-5　H 模型

4. X 模型

如图 2-6 所示，左边描述的是针对单独程序片段所进行的相互分离的编码和测试，此后进行频繁的交接，通过集成，最终合成为可执行的程序，在图的右上方得以体现。

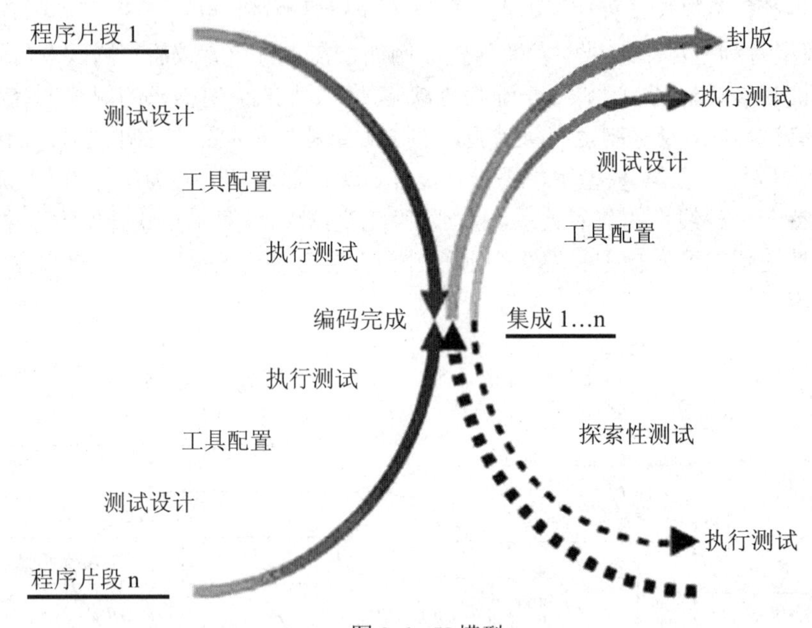

图 2-6　X 模型

这些可执行程序还需要进行测试，已通过集成测试的成品可以进行封装并提交给用户，也可以作为更大规模和范围内集成的一部分。

右下角提出了探索性测试，这是不进行事先计划的特殊类型的测试，这一方式往往能帮助有经验的测试人员在测试计划之外发现更多的软件错误。

5. 前置模型

前置测试模型是由 Robin F.Goldsmith 等人提出的，是一个将测试和开发紧密结合的模型，该模型提供了轻松的方式，可以使你的项目加快速度。前置测试模型可参考图 2-7。

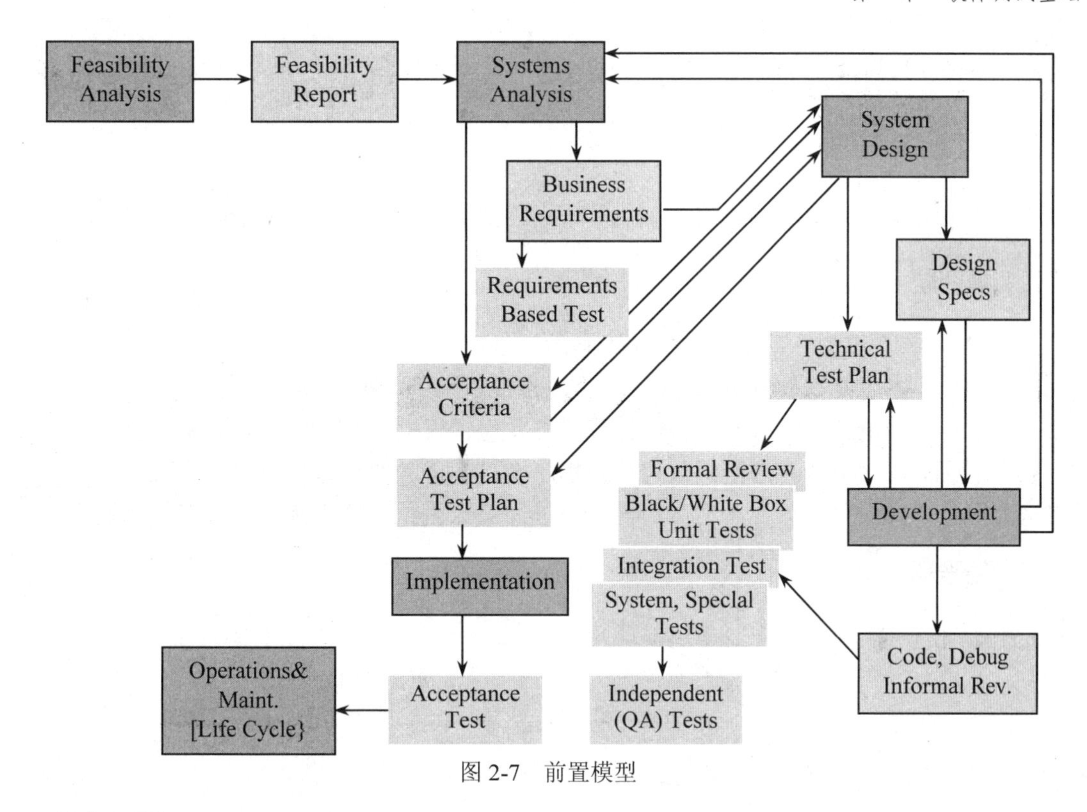

图 2-7　前置模型

特点如下：

- 开发和测试相结合。
- 对每一个交付内容进行测试。
- 在设计阶段进行测试计划和测试设计。
- 测试和开发结合在一起。
- 让验收测试和技术测试保持相互独立。

在实际的工作中，灵活运用各种模型的优点，在 W 模型框架下，运用 H 模型的思想进行独立的测试，并同时将测试和开发紧密结合，寻找恰当的就绪点开始测试并反复迭代测试，最终保证按期完成预定目标。

巩固与提高

一、选择题

1．软件验收测试的合格通过准则是（　　）。

　A．软件需求分析说明书中定义的所有功能已全部实现，性能指标全部达到要求

　B．所有测试项没有残余一级、二级和三级错误

　C．立项审批表、需求分析文档、设计文档和编码实现一致

　D．验收测试工件齐全

2．下列关于α测试的描述中正确的是（　　）。

A．α测试需要用户代表参加　　B．α测试不需要用户代表参加
C．α测试是系统测试的一种　　D．α测试是验收测试的一种

3．软件实施活动的进入准则是（　　）。

A．需求工件已经被基线化　　B．详细设计工件已经被基线化
C．构架工件已经被基线化　　D．项目阶段成果已经被基线化

二、填空题

1．__________模型体现了尽早的和不断的测试原则。

2．软件测试是根据软件开发各阶段的规格说明和程序的内部结构而精心设计的一批__________，并利用这些__________运行程序及发现错误的过程，即执行测试步骤。

3．测试后，程序中残存的错误数目与该程序中已发现的错误数目或检错率成__________，根据这个规律，我们要对__________的程序段进行重点测试，以提高测试投资的有效率。

三、简答题

α测试与β测试的区别是什么？

第三章　软件测试过程与方法

工作目标

知识目标

- 掌握软件测试的过程。
- 掌握软件测试与开发的关系。
- 熟悉单元测试。
- 熟悉集成测试。
- 熟悉确认测试。
- 熟悉系统测试。
- 熟悉验收测试。

技能目标

- 掌握软件测试流程。

素养目标

- 培养学生的动手和自学能力。

工作任务

软件测试过程按各测试阶段的先后顺序可分为单元测试、集成测试、确认（有效性）测试、系统测试和验收（用户）测试 5 个阶段。

（1）单元测试：测试执行的开始阶段。测试对象是每个单元。测试目的是保证每个模块或组件能正常工作。单元测试主要采用白盒测试方法，检测程序的内部结构。

（2）集成测试：也称组装测试。在单元测试基础上，对已测试过的模块进行组装，进行集成测试。测试目的是检验与接口有关的模块之间的问题。集成测试主要采用黑盒测试方法。

（3）确认测试：也称有效性测试。在完成集成测试后，验证软件的功能和性能及其他特性是否符合用户要求。测试目的是保证系统能够按照用户预定的要求工作。确认测试通常采用黑盒测试方法。

（4）系统测试：在完成确认测试后，为了检验它能否与实际环境（如软硬件平台、数据和人员等）协调工作，还需要进行系统测试。可以说，系统测试之后，软件产品基本满足开发要求。

（5）验收测试：测试过程的最后一个阶段。验收测试主要突出用户的作用，同时软件开发人员也应该参与进去。

在不同的阶段，测试的方法及内容都不同如图 3-1 所示。

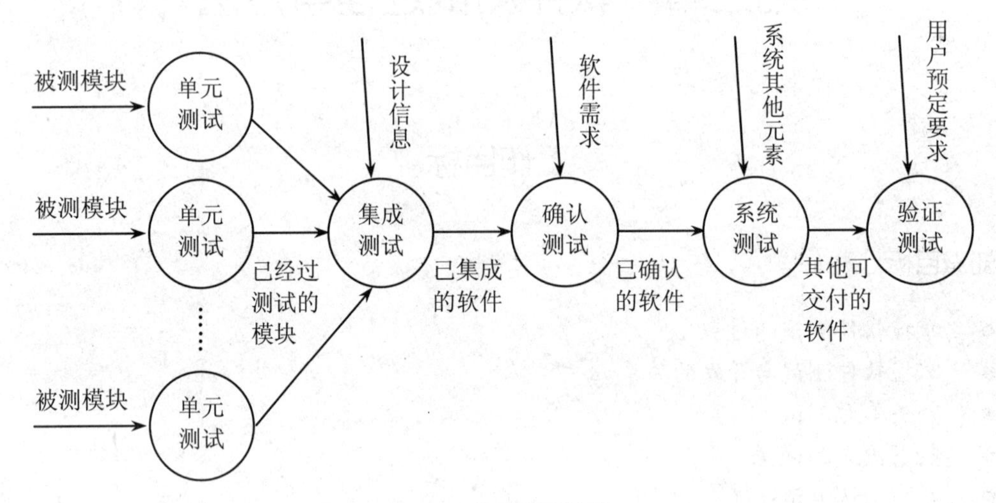

图 3-1 软件测试过程

工作计划与实施

任务分析之问题清单

- 单元测试。
- 集成测试。
- 确认测试。
- 系统测试。
- 验收测试。

任务解析与实施

一、单元测试

程序员编写代码时，一定会反复调试，保证其能够编译通过。如果代码编译没有通过，没有任何人会愿意交付给自己的老板。但代码通过编译，只是说明了它的语法正确，却无法保证它的语义也一定正确。没有任何人可以轻易承诺这段代码的行为一定是正确的。单元测试这时会为此做出保证。编写单元测试就是用来验证这段代码的行为是否与软件开发人员期望的一致。有了单元测试，程序员可以自信地交付自己的代码，而没有任何后顾之忧。

1. 单元测试的定义

单元测试（Unit Testing）是对软件基本组成单元进行的测试。单元测试的对象是软件设计的最小单位——模块。很多人将单元的概念误解为一个具体函数或一个类的方法，这种理解并不准确。作为一个最小的单元，应该有明确的功能定义、性能定义和接口定义，而且可以清晰地与其他单元区分开来。一个菜单、一个显示界面或者能够独立完成的具体功能都可以是一个单元。从某种意义上来说，单元的概念已经扩展为组件（Component）。

2. 单元测试的目标

单元测试的主要目标是确保各单元模块被正确地编码。单元测试除了保证测试代码的功能性，还需要保证代码在结构上具有可靠性和健全性，并且能够在所有条件下正确响应。进行全面的单元测试可以减少应用级别所需的工作量，并且彻底减小系统产生错误的可能性。如果手动执行，单元测试可能需要大量的工作，自动化测试会提高测试效率。

3. 单元测试的内容

单元测试的主要内容有：模块接口测试、局部数据结构测试、独立路径测试、错误处理测试和边界条件测试，如图 3-2 所示。这些测试都作用于模块，共同完成单元测试任务。

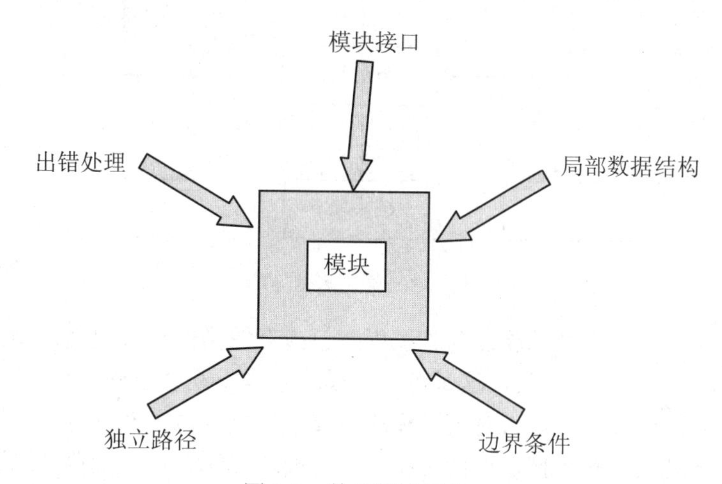

图 3-2　单元测试任务

模块接口测试：对通过被测模块的数据流进行测试。为此，对模块接口（包括参数表、调用子模块的参数、全程数据、文件输入/输出操作）必须检查。

局部数据结构测试：设计测试用例检查数据类型说明、初始化、默认值等方面的问题，还要查清全程数据对模块的影响。

独立路径测试：选择适当的测试用例，对模块中重要的执行路径进行测试。基本路径测试和循环测试可以发现大量的路径错误，是最常用且最有效的测试技术。

错误处理测试：检查模块的错误处理功能是否包含有错误或缺陷。例如，是否拒绝不合理的输入；出错的描述是否难以理解、是否对错误定位有误、是否出错原因报告有误、是否对错误条件的处理不正确；在对错误处理之前，错误条件是否已经引起系统的干预等。

边界条件测试：要特别注意数据流、控制流中刚好等于、大于或小于确定的比较值时出错的可能性。对这些地方要仔细地选择测试用例，认真加以测试。此外，如果对模块运行时间有要求的话，还要专门进行关键路径测试，以确定最坏情况下和平均意义下影响模块运行时间的因素。这类信息对进行性能评价是十分有用的。

通常单元测试在编码阶段进行。当源程序代码编制完成，经过评审和验证，确认没有语法错误之后，就开始进行单元测试的测试用例设计。利用设计文档，设计可以验证程序功能、找出程序错误的多个测试用例。对于每一组输入，应有预期的正确结果。

模块接口测试中的被测模块并不是一个独立的程序，在考虑测试模块时，同时要考虑它和外界的联系，用一些辅助模块去模拟与被测模块相关联的模块。这些辅助模块可分为两种：

（1）驱动模块（Driver）：相当于被测模块的主程序。它接收测试数据，把这些数据传送给被测模块，最后输出实测结果。

（2）桩模块（Stub）：用以代替被测模块调用的子模块。桩模块可以做少量的数据操作，不需要把子模块所有功能都带进来，但不允许什么事情也不做。

被测模块、与它相关的驱动模块以及桩模块共同构成了一个“测试环境”，如图 3-3 所示。

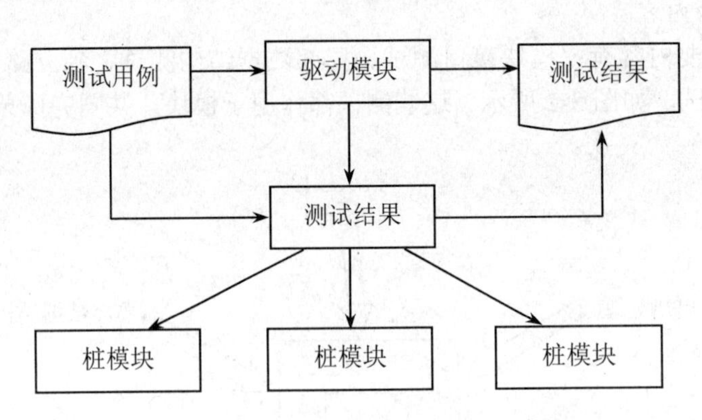

图 3-3　单元测试环境

如果一个模块要完成多种功能，并且以程序包或对象类的形式出现，例如 Ada 中的包、MODULA 中的模块、C++中的类，这时可以将模块看成由几个小程序组成。对其中的每个小程序先进行单元测试要做的工作，对关键模块还要做性能测试，对支持某些标准规程的程序，更要着手进行互连测试。有人把这种情况特别称为模块测试，以区别单元测试。

二、集成测试

所有的软件项目都不能摆脱系统集成这个阶段。不管采用什么开发模式，具体的开发工作总得从一个一个的软件单元做起，软件单元只有经过集成才能形成一个有机的整体。

1. 集成测试的定义

在完成单元测试的基础上，需要将所有模块按照设计要求组装成为系统。这时需要考虑以下问题：

- 在把各个模块连接起来的时候，穿越模块接口的数据是否会丢失；
- 一个模块的功能是否会对另一个模块的功能产生不利的影响；
- 各个子功能组合起来，能否达到预期要求的父功能；
- 全局数据结构是否有问题；
- 单个模块的误差累积起来是否会放大，从而达到不能接受的程度；
- 单个模块的错误是否会导致数据库错误。

集成测试（Integration Testing）是介于单元测试和系统测试之间的过渡阶段，与软件开发计划中的软件概要设计阶段相对应，是单元测试的扩展和延伸。

集成测试的定义是根据实际情况对程序模块采用适当的集成测试策略组装起来，对系统的接口及集成后的功能进行正确校验的测试工作。

2. 集成测试的层次

软件的开发过程是一个从需求分析到概要设计、详细设计以及编码实现的逐步细化的过程，那么单元测试到集成测试再到系统测试就是一个逆向求证的过程。集成测试内部对于传统软件和面向对象的应用系统有两种层次的划分。

（1）对于传统软件来说，可以把集成测试划分为三个层次：

- 模块内集成测试；
- 子系统内集成测试；
- 子系统间集成测试。

（2）对于面向对象的应用系统来说，可以把集成测试分为两个阶段：

- 类内集成测试；
- 类间集成测试。

3. 集成测试的模式

选择什么方式把模块组装起来形成一个可运行的系统，直接影响到模块测试用例的形式、所用测试工具的类型、模块编号的次序和测试的次序、生成测试用例的费用和调试的费用。集成测试模式是软件集成测试中的策略体现，其重要性是明显的，直接关系到软件测试的效率、结果等，一般是根据软件的具体情况来决定采用哪种模式。通常，把模块组装成为系统的测试方式有两种：

（1）一次性集成测试方式（No-Incremental Integration）。

一次性集成测试方式也称作非增值式集成测试方式。先分别测试每个模块，再把所有模块按设计要求放在一起，结合成所需要实现的程序。

如图 3-4 所示是按照一次性集成测试方式的实例。

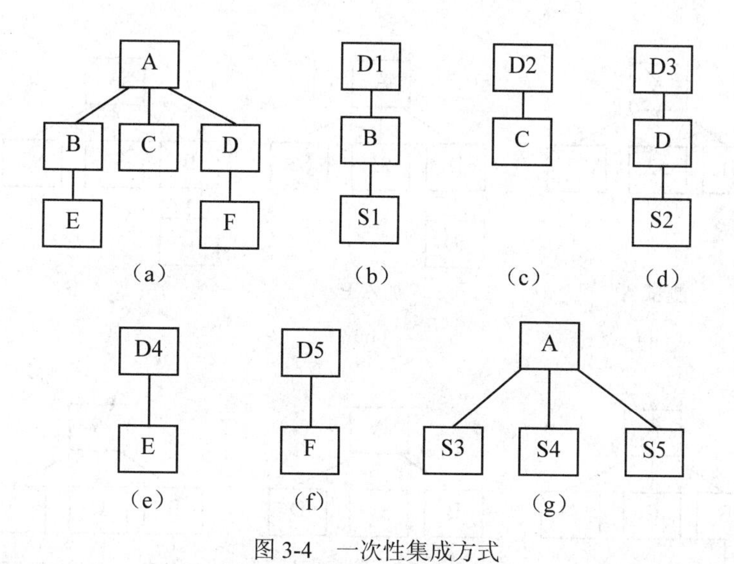

图 3-4　一次性集成方式

具体测试过程如下：

如图 3-4（a）所示表示的是整个系统结构，共包含 6 个模块。

如图 3-4（b）所示为模块 B 配备驱动模块 D1，来模拟模块 A 对 B 的调用。为模块 B 配备桩模块 S1，来模拟模块 E 被 B 调用。对模块 B 进行单元测试；

如图 3-4（d）所示，为模块 D 配备驱动模块 D3，来模拟模块 A 对 D 的调用。为模块 D 配备桩模块 S2，来模拟模块 F 被 D 调用。对模块 D 进行单元测试；

如图 3-4（c）、图 3-4（e）、图 3-4（f）所示，为模块 C、E、F 分别配备驱动模块 D2、D4、D5。对模块 C、E、F 分别进行单元测试；

如图 3-4（g）所示为主模块 A 配备三个桩模块 S3、S4、S5。对模块 A 进行单元测试；

在将模块 A、B、C、D、E 分别进行了单元测试之后，再一次性进行集成测试；

测试结束。

（2）增值式集成测试方式。

把下一个要测试的模块同已经测好的模块结合起来进行测试，测试完毕，再把下一个应该测试的模块结合进来继续进行测试。在组装的过程中边连接边测试，以发现连接过程中产生的问题。通过增值逐步组装成为预先要求的软件系统。增值式集成测试方式有三种：自顶向下增值测试方式（Top-down Integration）、自底向上增值测试方式（Bottom-up Integration）、混合增值测试方式（Modified Top-down Integration）。

1）自顶向下增值测试方式（Top-down Integration）。

主控模块作为测试驱动，所有与主控模块直接相连的模块作为桩模块；根据集成的方式（深度或广度），每次用一个模块把从属的桩模块替换成真正的模块；在每个模块被集成时，都必须已经进行了单元测试；进行回归测试以确定集成新模块后没有引入错误。这种组装方式将模块按系统程序结构，沿着控制层次自顶向下进行组装。自顶向下增值方式在测试过程中较早地验证了主要的控制和判断点。选用按深度方向组装的方式，可以首先实现和验证一个完整的软件功能。

如图 3-5 所示为按照深度优先方式遍历的自顶向下增值的集成测试实例。

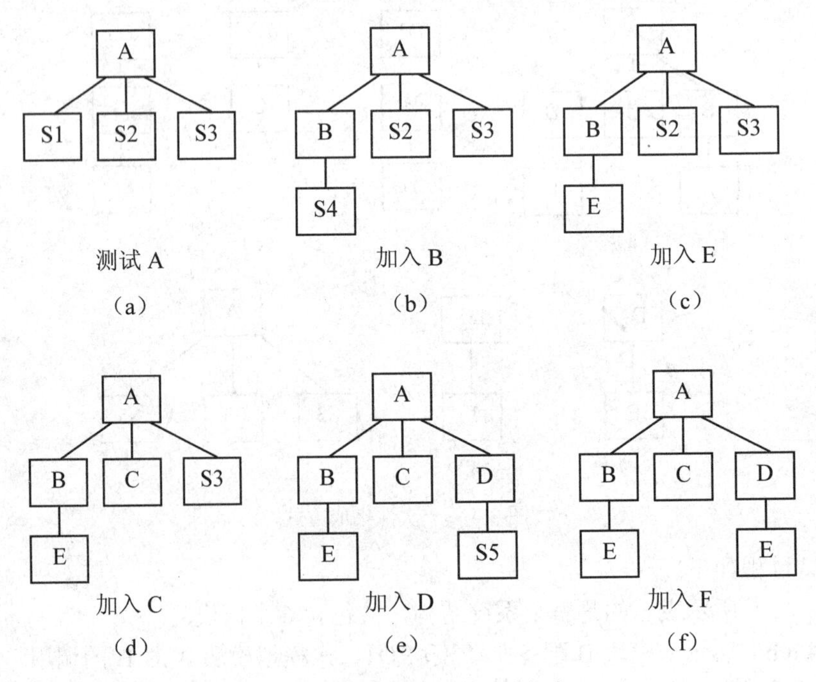

图 3-5　自顶向下增值测试方式

具体测试过程如下：

在树状结构图中，按照先左后右的顺序确定模块集成路线；

如图 3-5（a）所示，先对顶层的主模块 A 进行单元测试。就是对模块 A 配以桩模块 S1、S2 和 S3，用来模拟它所实际调用的模块 B、C、D，然后进行测试；

如图 3-5（b）所示，用实际模块 B 替换掉桩模块 S1，与模块 A 连接，再对模块 B 配以桩模块 S4，用来模拟模块 B 对 E 的调用，然后进行测试；

图 3-5（c）是将模块 E 替换掉桩模块 S4 并与模块 B 相连，然后进行测试；

判断模块 E 没有叶子结点，也就是说以 A 为根结点的树状结构图中的最左侧分支深度遍历结束。转向下一个分支；

如图 3-5（d）所示，模块 C 替换掉桩模块 S2，连到模块 A 上，然后进行测试；

判断模块 C 没有桩模块，转到树状结构图的最后一个分支；

如图 3-5（e）所示，模块 D 替换掉桩模块 S3，连到模块 A 上，同时给模块 D 配以桩模块 S5，来模拟其对模块 F 的调用。然后进行测试；

如图 3-5（f）所示，去掉桩模块 S5，替换成实际模块 F 连接到模块 D 上，然后进行测试；

对树状结构图进行了完全测试，测试结束。

2）自底向上增值测试方式（Bottom-up Integration）。

组装从最底层的模块开始，组合成一个构件，用以完成指定的软件子功能。编制驱动程序，协调测试用例的输入与输出；测试集成后的构件；按程序结构向上组装测试后的构件，同时除掉驱动程序。这种组装方式是从程序模块结构的最底层模块开始组装和测试。因为模块是自底向上进行组装，对于一个给定层次的模块，它的子模块（包括子模块的所有下属模块）已经组装并测试完成，所以不再需要桩模块。在模块的测试过程中，如果需要从子模块得到信息，可以直接运行子模块获得。

如图 3-6 所示是按照自底向上增值的集成测试实例。首先，对处于树状结构图中叶子结点位置的模块 E、C、F 进行单元测试，如图 3-6（a）、图 3-6（b）和图 3-6（c）所示，分别配以驱动模块 D1、D2 和 D3，用来模拟模块 B、模块 A 和模块 D 对它们的调用。然后，如图 3-6（d）和图 3-6（e）所示，去掉驱动模块 D1 和 D3，替换成模块 B 和 D，分别与模块 E 和 F 相连，并且设立驱动模块 D4 和 D5 进行局部集成测试。最后，如图 3-6（f）所示，对整个系统结构进行集成测试。

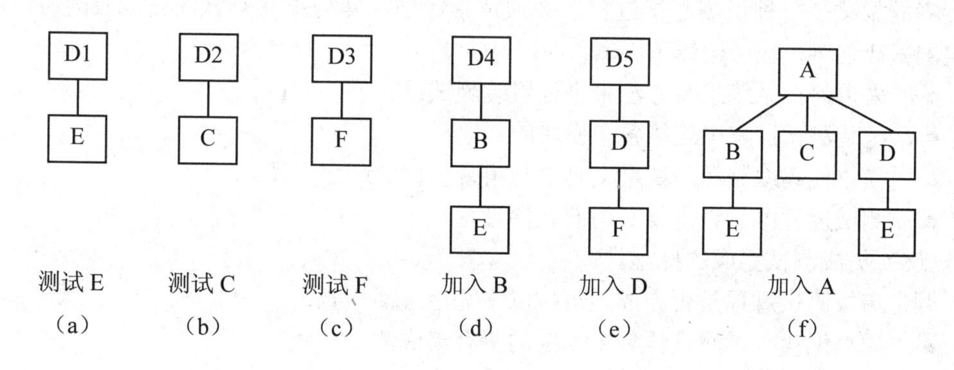

图 3-6　自底向上增值测试方式

3）混合增值测试方式（Modified Top-down Integration）。

自顶向下增值的方式和自底向上增值的方式各有优缺点。

自顶向下增值方式的缺点是需要建立桩模块。要使桩模块能够模拟实际子模块的功能是十分困难的，同时涉及复杂算法。真正输入/输出的模块处在底层，它们是最容易出问题的模块，并且直到组装和测试的后期才遇到这些模块，一旦发现问题，会导致过多的回归测试。自顶向下增值方式的优点是能够较早地发现在主要控制方面存在问题。

自底向上增值方式的缺点是“程序一直未能作为一个实体存在，直到最后一个模块加上去后才形成一个实体”。也就是说，在自底向上组装和测试的过程中，对主要的控制直到最后才接触到。自底向上增值方式的优点是不需要桩模块，建立驱动模块一般比建立桩模块容易，同时由于涉及到复杂算法和真正输入/输出的模块最先得到组装和测试，可以把最容易出问题的部分在早期解决。此外自底向上增值方式可以实施多个模块的并行测试。

鉴于此，通常把这几种方式结合起来进行组装和测试。

改进的自顶向下增值测试：基本思想是强化对输入/输出模块和引入新算法模块的测试，并自底向上组装成为功能相当完整且相对独立的子系统，然后由主模块开始自顶向下进行增值测试。

自底向上——自顶向下的增值测试（混和法）：首先对含读操作的子系统自底向上直至根结点模块进行组装和测试，然后对含写操作的子系统做自顶向下的组装与测试。

回归测试：这种方式采取自顶向下的方式测试被修改的模块及其子模块，然后将这一部分视为子系统，再自底向上测试，以检查该子系统与其上级模块的接口是否适配。

（3）一次性集成测试方式与增值式集成测试方式的比较。

- 增值式集成方式需要编写的软件较多，工作量较大，花费的时间较多。一次性集成方式的工作量较小；
- 增值式集成方式发现问题的时间比一次性集成方式早；
- 增值式集成方式比一次性集成方式更容易判断出问题的所在，因为出现的问题往往和最后加进来的模块有关；
- 增值式集成方式测试得更为彻底；
- 使用一次性集成方式可以多个模块并行测试。

这两种模式各有利弊，在时间条件允许的情况下采用增值式集成测试方式有一定的优势。

（4）集成测试的组织和实施。

集成测试是一种正规测试过程，必须精心计划，并与单元测试的完成时间协调起来。在制定测试计划时，应考虑以下因素：

- 采用何种系统组装方法来进行组装测试；
- 组装测试过程中连接各个模块的顺序；
- 模块代码编制和测试进度是否与组装测试的顺序一致；
- 测试过程中是否需要专门的硬件设备。

（5）集成测试完成的标志。

判定集成测试过程是否完成，可按以下几个方面检查：

- 成功地执行了测试计划中规定的所有集成测试；
- 修正了所发现的错误；
- 测试结果通过了专门小组的评审。

三、确认测试

1. 确认测试的定义

确认测试最简明、最严格的解释是检验所开发的软件是否能按用户提出的要求运行。若能达到这一要求，则认为开发的软件是合格的。因而有的软件开发部门把确认测试称为合格性测试（Qualification Testing）。

确认测试又称为有效性测试。它的任务是验证软件的功能和性能及其特性是否与客户的要求一致。对软件的功能和性能要求，在软件需求规格说明中已经明确规定。

确认测试阶段工作如图 3-7 所示。

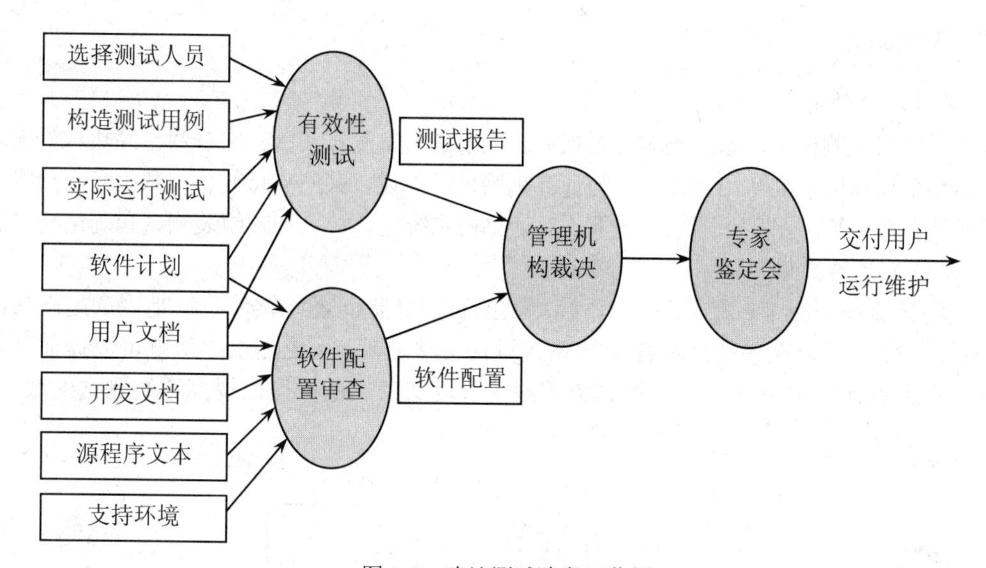

图 3-7 确认测试阶段工作图

2. 确认测试的准则

经过确认测试，应该为已开发的软件做出结论性评价，不外乎有以下两种情况：

（1）经过检验的软件功能、性能及其他要求均已满足需求规格说明书的规定，因而可被接受，视为合格的软件；

（2）经过检验发现与需求说明书有相当的偏离，得到一个各项缺陷的清单。

对于第二种情况，往往很难在交付期以前把发现的问题纠正过来。这就需要开发部门和客户进行协商，找出解决的办法。

3. 进行确认测试

确认测试是在模拟的环境（可能是就是开发的环境）下，运用黑盒测试的方法，验证所测试软件是否满足需求规格说明书列出的需求。

4. 确认测试的结果

在全部软件测试的测试用例运行完后，所有的测试结果可以分为以下两类：

（1）测试结果与预期的结果相符。说明软件的这部分功能或性能特征与需求规格说明书相符合，从而这部分程序被接受；

（2）测试结果与预期的结果不符。说明软件的这部分功能或性能特征与需求规格说明不一致，因此要为它提交一份问题报告。

通过与用户的协商，解决所发现的缺陷和错误。确认测试应交付的文档有：确认测试分析报告、最终的用户手册和操作手册、项目开发总结报告。

5. 软件配置审查

软件配置审查是确认测试过程的重要环节。其目的是保证软件配置的所有成分都齐全，各方面的质量都符合要求，具备维护阶段所必需的细资料并且已经编排好分类的目录。除了按合同规定的内容和要求，由工人审查软件配置之外，在确认测试的过程中，应当严格遵守用户手册和操作手册中规定的使用步骤，以便检查这些文档资料的完整性和正确性。必须仔细记录发现的遗漏和错误，并且适当地补充和改正。

四、系统测试

1. 系统测试的定义

在软件的各类测试中，系统测试是最接近于人们的日常测试实践。它是将已经集成好的软件系统作为整个计算机系统的一个元素，与计算机硬件、外设、某些支持软件、数据和人员等其他系统元素结合在一起，在实际运行环境下，对计算机系统进行一系列的组装测试和确认测试。

2. 系统测试的流程

系统测试流程如图 3-8 所示。由于系统测试的目的是验证最终软件系统是否满足产品需求且遵循系统设计，所以在完成产品需求和系统设计文档之后，系统测试小组就可以提前开始制定测试计划和设计测试用例，不必等到集成测试阶段结束。这样可以提高系统测试的效率。

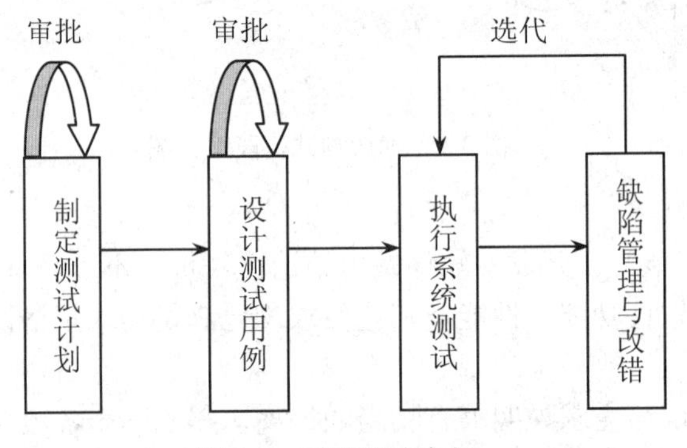

图 3-8 系统测试流程

3. 系统测试的目标

系统式的目标如下：

- 确保系统测试的活动是按计划进行的；
- 验证软件产品是否与系统需求用例不相符合或与之矛盾；
- 建立完善的系统测试缺陷记录跟踪库；
- 确保软件系统测试活动及其结果及时通知相关小组和个人。

4. 系统测试的方针

系统测试的方针如下：

- 为项目指定一个测试工程师，负责贯彻和执行系统测试活动；

- 测试组向各事业部总经理/项目经理报告系统测试的执行状况；
- 系统测试活动遵循文档化的标准和过程；
- 向外部用户提供经系统测试验收通过的项目；
- 建立相应项目（Bug）的缺陷库，用于系统测试阶段项目不同生命周期的缺陷记录和缺陷状态跟踪；
- 定期对系统测试活动及结果进行评估，向各事业部经理/项目办总监/项目经理汇报项目的产品质量信息及数据。

5. 系统测试的设计

为了保证系统测试质量，必须在测试设计阶段就对系统进行严密的测试设计。这就需要在测试设计中，从多方面考虑系统规格的实现情况。通常需要从以下几个层次来进行设计：用户层、应用层、功能层、子系统层、协议层。

五、验收测试

1. 验收测试的定义

验收测试（Acceptance Testing）是向未来的用户表明系统能够像预定要求的那样工作。

通过综合测试之后，软件已完全组装起来，接口方面的错误也已排除，软件测试的最后一步——验收测试即可开始。

验收测试的目的是确保软件准备就绪，并且可以让最终用户将其用于执行软件的既定功能和任务。验收测试是检验软件产品质量的最后一道工序。验收测试通常更突出客户的作用，同时软件开发人员也有一定的参与。如何组织好验收测试并不是一件容易的事。以下对验收测试的任务、目标以及验收测试的组织管理给出详细介绍。

2. 验收测试的内容

软件验收测试应完成的工作内容如下：要明确验收项目，规定验收测试通过的标准；确定测试方法；决定验收测试的组织机构和可利用的资源；选定测试结果分析方法；指定验收测试计划并进行评审；设计验收测试所用的测试用例；审查验收测试的准备工作；执行验收测试；分析测试结果；做出验收结论，明确通过验收或不通过验收，给出测试结果。

3. 验收测试的标准

实现软件确认要通过一系列黑盒测试。验收测试同样需要制订测试计划和过程，测试计划应规定测试的种类和测试进度，测试过程则定义一些特殊的测试用例，旨在说明软件与需求是否一致。无论是计划还是过程，都应该着重考虑软件是否满足合同规定的所有功能和性能，文档资料是否完整、准确，人机界面和其他方面（例如可移植性、兼容性、错误恢复能力和可维护性等）是否令用户满意。

验收测试的结果有两种可能：一种是功能和性能指标满足软件需求说明的要求，用户可以接受；另一种是软件不满足软件需求说明的要求，用户无法接受。如果项目进行到这个阶段才发现有严重错误和偏差，一般很难在预定的工期内改正，因此必须与用户协商，寻求一个妥善解决问题的方法。

4. 验收测试的常用策略

选择的验收测试的策略通常建立在合同需求、组织、公司标准以及应用领域的基础上。实施验收测试的常用策略有以下三种：

（1）正式验收测试：正式验收测试是一项管理严格的过程，它通常是系统测试的延续。计划和设计这些测试的周密和详细程度不亚于系统测试。选择的测试用例应该是系统测试中所执行测试用例的子集。不要偏离所选择的测试用例方向，这一点很重要。在很多组织中，正式验收测试是完全自动执行的。对于系统测试，活动和工件是一样的。在某些组织中，开发组织（或其独立的测试小组）与最终用户组织的代表一起执行验收测试。在其他组织中，验收测试则完全由最终用户组织执行，或者由最终用户组织选择人员，组成一个客观公正的小组来执行。

（2）非正式验收或α测试：在非正式验收测试中，执行测试过程的限定不像正式验收测试中那样严格。在此测试中，确定并记录要研究的功能和业务任务，但没有可以遵循的特定测试用例。测试内容由各测试员决定。这种验收测试方法不像正式验收测试那样组织有序，而且更为主观。大多数情况下，非正式验收测试是由最终用户组织执行的。

（3）β测试：与以上两种验收测试策略相比，β测试需要控制的最少。在β测试中，采用的细节多少、数据和方法完全由各测试员决定。各测试员负责创建自己的环境，选择数据，并决定要研究的功能、特性或任务。各测试员负责确定自己对于系统当前状态的接受标准。β测试由最终用户实施，通常开发组织对其管理很少或不进行管理。β测试是所有验收测试策略中最主观的。

巩固与提高

一、选择题

1．单元测试的测试目的是（　　）。

A．保证每个模块能正常工作　　B．保证每个组件能正常工作

C．解决重复编码问题　　D．解决语法错误

E．确保缺陷得到解决　　F．使程序正常运行

2．驱动模块模拟的是（　　）。

A．子模块　　B．第一模块　　C．底层模块　　D．主程序

3．集成测试的基础方法有（　　）。

A．一次性集成　　B．自底向上增值式集成

C．增值式集成　　D．自顶向下增值式集成

二、填空题

1．单元测试的对象是__________。

2．以用户为主导的测试称为__________测试。

3．按照测试策略和过程，测试可以分为__________、__________、__________、__________和__________。

三、操作题

简述增值式集成方法的分类及各类的优缺点。

第四章　软件测试策略

工作目标

知识目标

- 了解策略与软件测试策略。
- 掌握软件测试策略的重要性。
- 掌握软件测试策略的目的及主要内容。

技能目标

- 了解软件测试策略的影响因素。
- 熟悉软件测试策略的制定过程。

素养目标

- 培养学生的理解和自学能力。

工作任务

软件测试策略必须提供可以用来检验一小段源代码是否得以正确实现的低层测试，同时也要提供能够验证整个系统的功能是否符合用户需求的高层测试。一种策略必须为使用者提供指南，并且为管理者提供一系列的重要里程碑。因为测试策略的步骤是在软件完成的最终期限的压力已经开始出现的时候才开始进行的，所以测试的进度必须是可测量的，而且问题要尽可能早地暴露出来。由此可见，软件测试策略在软件测试过程中是多么重要，那么什么是软件测试策略？它与传统意义上的策略有什么区别？如何制定软件测试策略呢？

工作计划及实施

任务分析之问题清单

- 策略、软件测试策略。
- 软件测试策略的重要性。
- 软件测试策略的主要目的及主要内容。
- 软件测试策略的影响因素。
- 软件测试策略的制定过程。

任务解析及实施

一、策略、软件测试策略

策略，在一定的政治路线指导下，根据具体条件而规定的斗争原则、方式和方法。而软件测试策略，在一定的软件测试标准、测试规范的指导下，依据测试项目的特定环境约束而规定的软件测试的原则、方式、方法的集合。

二、软件测试策略的重要性

任何一个完全测试或穷举测试的工作量都是巨大的，在实践上是行不通的，因此任何实际测试都不能保证被测程序中不遗漏错误或缺陷；为了最大程度较少这种遗漏，同时最大限度发现可能存在的错误，在实施测试前必须确定合适的测试方法和测试策略，并以此为依据制定详细的测试案例。

三、软件测试策略的主要目的及主要内容

1. 软件测试策略的主要目的

不是所有软件测试都要运用现有软件测试方法去测试。依据软件本身性质、规模和应用场合的不同，我们将选择不同测试方案，以最少的软硬件和人力资源投入得到最佳的测试效果，这就是测试策略的目标所在。

测试策略的目标包括：取得利益相关者（比如管理部门、开发人员、测试人员、顾客和用户等）的一致性目标；从开始阶段对期望值进行管理；确保“开发方向正确”；确定所有要进行的测试类型。

测试策略为测试提供全局分析，并确定或参考以下内容：

- 项目计划、风险和需求；
- 相关的规则、政策或指示；
- 所需过程、标准与模板；
- 支持准则；
- 利益相关者及其测试目标；
- 测试资源与评估；
- 测试层次与阶段；
- 测试环境；
- 各阶段的完成标准；
- 所需的测试文档与检查方法。

2. 测试策略的主要内容

（1）静态分析。

可能发现的程序欠缺如下：

- 用错的局部变量和全程变量；
- 不匹配的参数；
- 不适当的循环嵌套和分支嵌套；

- 不适当的处理顺序；
- 无终止的死循环；
- 未定义的变量；
- 不允许的递归；
- 调用并不存在的子程序；
- 遗漏了标号或代码；
- 不适当的连接。

找到潜伏着问题的根源：

- 未使用过的变量；
- 不会执行到的代码；
- 未引用过的标号；
- 可疑的计算；
- 潜在的死循环。

提供间接涉及程序欠缺的信息：

- 每一类型语句出现的次数；
- 所用变量和常量的交叉引用表；
- 标识符的使用方式；
- 过程的调用层次；
- 违背编码规则。

为进一步查错作准备，选择测试用例进行符号测试。

（2）黑盒测试。

黑盒测试又称功能测试、数据驱动测试或基于规格说明的测试。用这种方法进行测试时，被测程序被当作打不开的黑盒，因而无法了解其内部构造。在完全不考虑程序内部结构和内部特性的情况下，测试者只知道该程序输入和输出之间的关系，或是程序的功能。他必须依靠能够反映这一关系和程序功能的需求规格说明书考虑确定测试用例，并推断测试结果的正确性。即所依据的只能是程序的外部特性。因此，黑盒测试是从用户观点出发的测试。

（3）白盒测试。

白盒测试又称结构测试、逻辑驱动测试或基于程序的测试。采用这一测试方法，测试者可以看到被测的源程序，用以分析程序的内部构造，并且根据其内部构造设计测试用例。这时测试者可以完全不顾程序的功能。

（4）软件工程过程。

首先，系统工程为软件开发规定了任务，从而把它与硬件要完成的任务明确地划分开。接着便是进行软件需求分析，决定被开发软件的信息域、功能、性能、限制条件并确定该软件项目完成后的确认准则。沿着螺线向内旋转，将进入软件设计和代码编写阶段。从而使得软件开发工作从抽象逐步走向具体化。

软件测试工作也可以从这一螺旋线上体现出来。在螺线的核心点，针对每个单元的源代码进行单元测试。在各单元测试完成以后，沿螺线向外前进，开始针对软件整体构造和设计的集成测试。然后是检验软件需求能否得到满足的确认测试。最后，来到螺线的最外层，把软件和系统的其他部分协调起来，当作一个媒体，完成系统测试。这样，沿着螺旋线，从内向外，逐步扩展了测试的范围。

测试的 4 个步骤：①分别完成每个单元的测试任务，以确保每个模块能正常工作。单元测试大量地采用了白盒测试方法，尽可能发现模块内部的程序差错；②把已测试过的模块组装起来，进行集成测试。其目的在于检验与软件设计相关的程序结构问题。这时较多地采用黑盒测试方法来设计测试用例；③完成集成测试以后，要对开发工作初期制定的确认准则进行检验。确认测试是检验所开发的软件能否满足所有功能和性能需求的最后手段，通常采用黑盒测试方法；④完成确认测试以后，给出的应该是合格的软件产品，但为检验它能否与系统的其他部分（如硬件、数据库及操作人员）协调工作，需要进行系统测试。严格地说，系统测试已超出了软件工程的范围。

（5）单元测试。

单元测试是要针对每个模块的程序，解决以下五个方面的问题：

- 模块接口——对被测的模块，信息能否正常无误地流入和流出。
- 局部数据结构——在模块工作过程中，其内部的数据能否保持其完整性，包括内部数据的内容、形式及相互关系不发生错误。
- 边界条件——在为限制数据加工而设置的边界处，模块是否能够正常工作。
- 覆盖条件——模块的运行能否做到满足特定的逻辑覆盖。
- 出错处理——模块工作中发生了错误，其中的出错处理设施是否有效。

模块与其设置环境的接口有无差错应首先得到检验，否则其内部的各种测试工作也将是徒劳的。除局部数据结构外，在单元测试中还应弄清楚全程数据（如 Fortran 的 Common）对模块的影响。

如何设计测试用例，使得模块测试能够高效率地发现其中的错误，这是非常关键的问题。程序运行中出现了异常现象并不奇怪，良好的设计应该预先估计到投入运行后可能发生的错误，并给出相应的处理措施，使得用户不至于束手无策。检验程序中出错处理这一问题解决得怎样时，可能出现的情况有：

1）对运行发生的错误描述得难以理解。

2）指明的错误并非实际遇到的错误。

3）出错后，尚未进行出错处理便引入系统干预。

4）意外的处理不当。

5）提供的错误信息不足，以致无法找到出错的原因。

边界测试是单元测试的最后一步，是不容忽视的。实践表明，软件常常在边界地区发生问题。例如，处理 n 维数组的第 n 个元素时很容易出错，循环执行到最后一次执行循环体时也可能出错。这可按前面讨论的，利用边值分析方法来设计测试用例，以便发现这类程序错误。

（6）集成测试。

集成测试是在完成单元测试的基础上，需要将所有模块按照设计要求组装成为系统。这时需要考虑以下问题：

- 在把各个模块连接起来的时候，穿越模块接口的数据是否会丢失；
- 一个模块的功能是否会对另一个模块的功能产生不利的影响；
- 各个子功能组合起来，能否达到预期要求的父功能；
- 全局数据结构是否有问题；

- 单个模块的误差累积起来是否会放大，从而达到不能接受的程度；
- 单个模块的错误是否会导致数据库错误。

集成测试（Integration Testing）是介于单元测试和系统测试之间的过渡阶段，与软件开发计划中的软件概要设计阶段相对应，是单元测试的扩展和延伸。

集成测试的定义是根据实际情况对程序模块采用适当的集成测试策略组装起来，对系统的接口以及集成后的功能进行正确校验的测试工作。

（7）系统测试。

在软件的各类测试中，系统测试是最接近于人们的日常测试实践。它是将已经集成好的软件系统作为整个计算机系统的一个元素，与计算机硬件、外设、某些支持软件、数据和人员等其他系统元素结合在一起，在实际运行环境下，对计算机系统进行一系列的组装测试和确认测试。

（8）验收测试。

验收测试（Acceptance Testing）是向未来的用户表明系统能够像预定要求的那样工作。验收测试的目的是确保软件准备就绪，并且可以让最终用户将其用于执行软件的既定功能和任务。验收测试是检验软件产品质量的最后一道工序。验收测试通常更突出客户的作用，同时软件开发人员也有一定的参与。如何组织好验收测试并不是一件容易的事。

（9）恢复测试。

恢复测试是要采取各种人工干预方式使软件出错而不能正常工作，进而检验系统的恢复能力。如果系统本身能够自动进行恢复，则应检验：重新初始化，检验设置机构、数据恢复以及重新启动是否正确。如果这一恢复需要人为干预，则应考虑平均修复时间是否在限定的范围以内。

（10）安全测试。

安全测试的目的在于验证安装在系统内的保护机构确实能够对系统进行保护，使之不受各种因素的干扰。系统的安全测试要设置一些测试用例，试图突破系统的安全保密措施，检验系统是否有安全保密的漏洞。

（11）强度测试。

检验系统的能力最高实际限度。进行强度测试时，让系统的运行处于资源的异常数量、异常频率和异常批量的条件下。例如，如果正常的中断平均频率为每秒1～2次，强度测试设计为每秒10次中断。又如某系统正常运行可支持10个终端并行工作，强度测试则检验15个终端并行工作的情况。

（12）性能测试。

性能测试检验安装在系统内的软件运行性能。这种测试常常与强度测试结合起来进行。为记录性能，需要在系统中安装必要的量测仪表或是为度量性能而设置的软件（或程序段）。

四、软件测试策略的影响因素

软件测试策略随着软件生命周期的变化、软件测试方法、技术与工具的不同发生着变化。这就要求我们在制定测试策略时，应该综合考虑测试策略的影响因素及其依赖关系。这些影响因素可能包括：测试项目资源因素、项目的约束和测试项目的特殊需要等。

五、软件测试策略的制定过程

1. 输入

- 需要的软硬件资源的详细说明;
- 针对测试和进度约束而需要的人力资源的角色和职责;
- 测试方法、测试标准和完成标准;
- 目标系统的功能性和技术性需求;
- 系统局限（即系统不能够提供的需求）等。

2. 输出

- 已批准和签署的测试策略文档、测试用例、测试计划;
- 需要解决方案的测试项目。

3. 过程

（1）确定测试的需求。

测试需求所确定的是测试内容，即测试的具体对象。在分析测试需求时，可应用以下几条一般规则:

- 测试需求必须是可观测、可测评的行为。如果不能观测或测评测试需求，就无法对其进行评估，以确定需求是否已经满足。
- 在每个用例或系统的补充需求与测试需求之间不存在一对一的关系。用例通常具有多个测试需求；有些补充需求将派生一个或多个测试需求，而其他补充需求（如市场需求或包装需求）将不派生任何测试需求。
- 测试需求可能有许多来源，其中包括用例模型、补充需求、设计需求、业务用例、与最终用户的访谈和软件构架文档等。应该对所有这些来源进行检查，以收集可用于确定测试需求的信息。

（2）评估风险并确定测试优先级。

成功的测试需要在测试工作中成功地权衡资源约束和风险等因素。为此，应该确定测试工作的优先级，以便先测试最重要、最有意义或风险最高的用例或构件。为了确定测试工作的优先级，需执行风险评估和实施概要，并将其作为确定测试优先级的基础。

（3）确定测试策略。

一个好的测试策略应该包括：实施的测试类型和测试的目标、实施测试的阶段、技术、用于评估测试结果和测试是否完成的评测和标准、对测试策略所述的测试工作存在影响的特殊事项等内容。

如何才能确定一个好的测试策略呢？我们可以从基于测试技术的测试策略和基于测试方案的测试策略两个方面来回答这个问题。

1）基于测试技术的测试策略。

著名测试专家给出了使用各种测试方法的综合策略:

- 任何情况下都必须使用边界值测试方法;
- 必要时使用等价类划分方法补充一定数量的测试用例;
- 对照程序逻辑，检查已设计出的测试用例的逻辑覆盖程度，看是否达到了要求;
- 如果程序功能规格说明中含有输入条件的组合情况，则一开始可以选择因果图方法。

2）基于测试方案的测试策略。

对于基于测试方案的测试策略，一般来说应该考虑以下方面：

- 根据程序的重要性和一旦发生故障将造成的损失，来确定它的测试等级和测试重点；
- 认真研究，使用尽可能少的测试用例发现尽可能多的程序错误，避免测试过度和测试不足。

巩固与提高

一、选择题

1．单元测试是要针对每个模块的程序，解决（　　）方面的问题。

A．模块接口　　B．局部数据结构

C．出错处理及边界条件　　D．逻辑覆盖

2．软件测试策略的制定过程包括（　　）。

A．确定测试需求　　B．评估风险并确定测试优先级

C．确定测试策略　　D．执行测试并记录缺陷

3．单元测试中使用的辅助模块分为驱动模块和（　　）。

A．传入模块　　B．主模块

C．桩模块　　D．传出模块

二、填空题

1．软件测试策略是在一定的__________、测试规范的指导下，依据测试项目的__________而规定的软件测试的__________、__________、__________的集合。

2．测试策略的目标包括取得__________的一致性目标；从开始阶段对__________进行管理；确保“开发方向正确”；确定所有要进行的（测试类型）。

3．我们在制定测试策略时，应该综合考虑测试策略的影响因素及其依赖关系。这些影响因素可能包括：__________、__________和__________等。

三、思考题

如何测试生活中的水杯？

第五章　白盒测试技术

工作目标

知识目标

- 掌握白盒测试方法：逻辑覆盖法、基本路径法。

技能目标

- 掌握白盒测试方法：逻辑覆盖法、基本路径法。
- 了解白盒测试方法的使用。

素养目标

- 培养学生的理解和自学能力。
- 培养学生的行为抽象能力。

工作任务

白盒测试是一个与黑盒测试相对的概念，是指测试者针对可见代码进行的一种测试。

白盒测试是不可或缺的，那么白盒测试应做到什么程度才算合适呢？具体来说，白盒测试与黑盒测试应维持什么样的比例才算合适呢？

工作计划与实施

任务分析之问题清单

- 白盒测试的概念。
- 逻辑覆盖法。
- 基本路径分析法。

任务解析与实施

一、白盒测试的概念

一般而言，白盒测试做多做少与产品形态有关，如果产品更多地具备软件平台特性，白盒测试应占总测试的 80%以上，甚至接近 100%，而如果产品具备复杂的业务操作，有大量 GUI 界面，黑盒测试的份量应该更重些。根据经验，对于大多数嵌入式产品，白盒方式展开测试（包括代码走读）应占总测试投入的一半以上，白盒测试发现的问题数也应超过总问题数的一半。

由于产品的形态不一样，很难定一个标准说某产品必须做百分之多少白盒测试，但依据历史经验，我们还可以进行定量分析。比如，收集某产品的某历史版本在开发与维护中发生的所有问题，对这些问题进行正交缺陷分析（Orthogonal Defect Classification，ODC），把“问题根源对象”属于概要设计、详细设计与编码的问题整理出来，这些都是属于白盒测试应发现的问题，统计这些问题占总问题数的比例，大致就是白盒测试应投入的比例。

通过正交缺陷分析，还能推论历史版本各阶段测试的遗留缺陷率，根据“发现问题的活动”，能统计出与“问题根源对象”不相匹配的问题数，这些各阶段不匹配问题的比例就是该阶段的漏测率。

由于逻辑错误和不正确假设与一条程序路径被运行的可能性成反比。我们经常相信某逻辑路径不可能被执行，而事实上，它可能在正常的情况下被执行。由于代码中的笔误是随机且无法杜绝的，因此白盒测试是必须的。

白盒测试的特点：依据软件设计说明书进行测试、对程序内部细节的严密检验、针对特定条件设计测试用例、对软件的逻辑路径进行覆盖测试。

白盒的测试用例需要做到以下几点：

- 保证一个模块中的所有独立路径至少被使用一次。
- 对所有逻辑值均需测试 true 和 false。
- 在上下边界及可操作范围内运行所有循环。
- 检查内部数据结构以确保其有效性。

白盒测试的目的：通过检查软件内部的逻辑结构，对软件中的逻辑路径进行覆盖测试；在程序不同地方设立检查点，检查程序的状态，以确定实际运行状态与预期状态是否一致。

白盒测试的缺点：昂贵，无法检测代码中遗漏的路径和数据敏感性错误，不验证规格的正确性。

白盒测试目前主要有两种测试用例设计方法：逻辑覆盖法和基本路径法。

逻辑覆盖法又可以分为：语句覆盖、判断覆盖、判断－条件覆盖、条件组合覆盖及路径覆盖；基本路径法是在程序控制流程图的基础上，通过分析控制构造的环路复杂性，导出基本可执行路径集合，从而设计测试用例的方法。

二、逻辑覆盖法

首先为了下文的举例描述方便，这里先给出一张程序流程图（本文以 1995 年软件设计师考试的一道考试题目为例）。

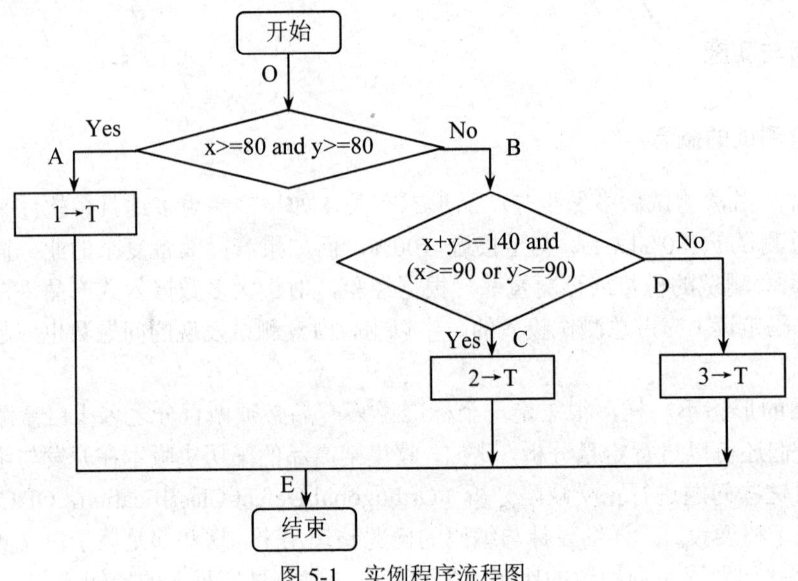

图 5-1 实例程序流程图

（1）语句覆盖。

①主要特点。

语句覆盖是最起码的结构覆盖要求，语句覆盖要求设计足够多的测试用例，使得程序中每条语句至少被执行一次。

②用例设计。

如果此时将 A 路径上的语句“1→T”去掉，那么用例如下：

	X	Y	路径
1	50	50	OBDE
2	90	70	OBCE

③优点。

可以很直观地从源代码得到测试用例，无须细分每条判定表达式。

④缺点。

由于这种测试方法仅仅针对程序逻辑中显式存在的语句，对于隐藏的条件和可能到达的隐式逻辑分支是无法测试的。在本例中去掉了语句“1→T”，那么就少了一条测试路径。在If 结构中，若源代码没有给出 Else 后面的执行分支，那么语句覆盖测试就不会考虑这种情况。但是我们不能排除这种以外的分支不会被执行，而往往这种错误会经常出现。再如，在 Do While 结构中，语句覆盖执行其中某一个条件分支。显然，语句覆盖对于多分支的逻辑运算是无法全面反映的，它只考虑运行一次，而不考虑其他情况。

（2）判定覆盖。

①主要特点。

判定覆盖又称为分支覆盖，它要求设计足够多的测试用例，使得程序中每个判定至少有一次为真值，有一次为假值，即程序中的每个分支至少执行一次。每个判断的取真、取假至少执行一次。

②用例设计。

	X	Y	路径
1	90	90	OAE
2	50	50	OBDE
3	90	70	OBCE

③优点。

判定覆盖比语句覆盖要多几乎一倍的测试路径，当然也就具有比语句覆盖更强的测试能力。同样，判定覆盖也具有和语句覆盖一样的简单性，无须细分每个判定就可以得到测试用例。

④缺点。

往往大部分的判定语句是由多个逻辑条件组合而成（如判定语句中包含 AND、OR、CASE），若仅仅判断其整个最终结果，而忽略每个条件的取值情况，必然会遗漏部分测试路径。

（3）条件覆盖。

①主要特点。

条件覆盖要求设计足够多的测试用例，使得判定中的每个条件获得各种可能的结果，即每个条件至少有一次为真值，有一次为假值。

②用例设计。

	X	Y	路径
1	90	70	OBC
2	40	90	OBD

③优点。

显然条件覆盖比判定覆盖增加了对符合判定情况的测试，增加了测试路径。

④缺点。

要达到条件覆盖，需要足够多的测试用例，但条件覆盖并不能保证判定覆盖。条件覆盖只能保证每个条件至少有一次为真，而不考虑所有的判定结果。

（4）判定/条件覆盖。

①主要特点。

设计足够多的测试用例，使得判定中每个条件的所有可能结果至少出现一次，每个判定本身的所有可能结果也至少出现一次。

②用例设计。

	X	Y	路径
1	90	90	OAE
2	50	50	OBDE
3	90	70	OBCE
4	70	90	OBCE

③优点。

判定/条件覆盖满足判定覆盖准则和条件覆盖准则，弥补了二者的不足。

④缺点。

判定/条件覆盖准则的缺点是未考虑条件的组合情况。

（5）组合覆盖。

①主要特点。

要求设计足够多的测试用例，使得每个判定中条件结果的所有可能组合至少出现一次。

②用例设计。

	X	Y	路径
1	90	90	OAE
2	90	70	OBCE
3	90	30	OBDE
4	70	90	OBCE
5	30	90	OBDE
6	70	70	OBDE
7	50	50	OBDE

③优点。

多重条件覆盖准则满足判定覆盖、条件覆盖和判定/条件覆盖准则。更改的判定/条件覆盖要求设计足够多的测试用例，使得判定中每个条件的所有可能结果至少出现一次，每个判定本身的所有可能结果也至少出现一次。并且每个条件都显示能单独影响判定结果。

④缺点。

线性地增加了测试用例的数量。

（6）路径覆盖。

①主要特点。

设计足够多的测试用例，覆盖程序中所有可能的路径。

②用例设计。

	X	Y	路径
1	90	90	OAE
2	50	50	OBDE
3	90	70	OBCE
4	70	90	OBCE

③优点。

这种测试方法可以对程序进行彻底的测试，比前面五种覆盖的覆盖面都广。

④缺点。

由于路径覆盖需要对所有可能的路径进行测试（包括循环、条件组合、分支选择等），所以需要设计大量复杂的测试用例，使得工作量呈指数级增长。而在有些情况下，一些执行路径是不可能被执行的，如：

```
if(!A)B++;
   else D--;
```

这两个语句实际只包括了 2 条执行路径，即 A 为真或假时对 B 和 D 的处理，真或假不可能都存在,而路径覆盖测试则认为是包含了真与假的 4 条执行路径。这样不仅降低了测试效率，而且大量的测试结果的累积也为排错带来麻烦。

三、基本路径分析法

基本路径测试法是在程序控制流图的基础上，通过分析控制构造的环路复杂性，导出基本可执行路径集合，从而设计测试用例的方法。设计出的分析用例要保证测试中程序的语句覆盖 100%，条件覆盖 100%。

基本路径分析法包括以下四个步骤和一个工具方法：

- 程序的控制流图：描述程序控制流的一种图示方法。
- 程序圈复杂度：McCabe 复杂性度量。从程序的环路复杂性可导出程序基本路径集合中的独立路径条数,这是确定程序中每个可执行语句至少执行一次所必须的测试用例数目的上界。
- 导出测试用例：根据程序圈复杂度和程序结构设计用例数据输入和预期结果。
- 准备测试用例：确保基本路径集中的每一条路径的执行。

工具方法：

- 图形矩阵：是在基本路径测试中起辅助作用的软件工具，利用它可以实现自动确定一个基本路径集。
- 程序的控制流图：描述程序控制流的一种图示方法。圆圈称为控制流图的一个结点，表示一个或多个无分支的语句或源程序语句；箭头称为边或连接，代表控制流，如图 5-2 所示。

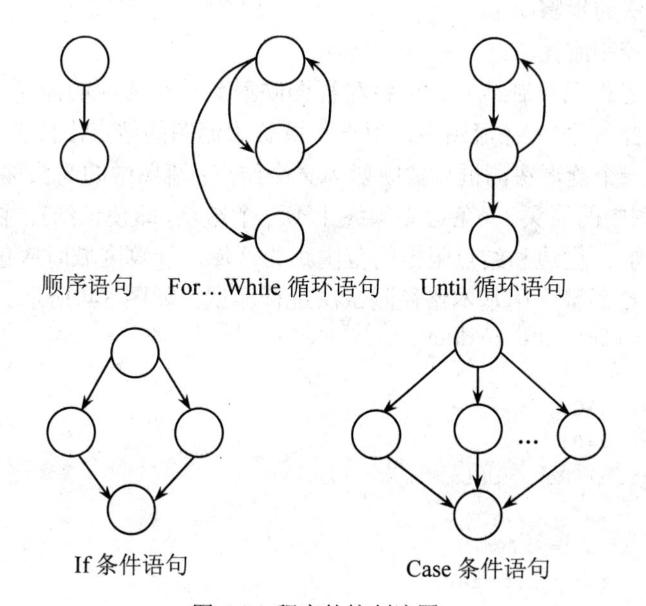

图 5-2　程序的控制流图

如图 5-3 所示为根据程序流程图画出控制流程图。

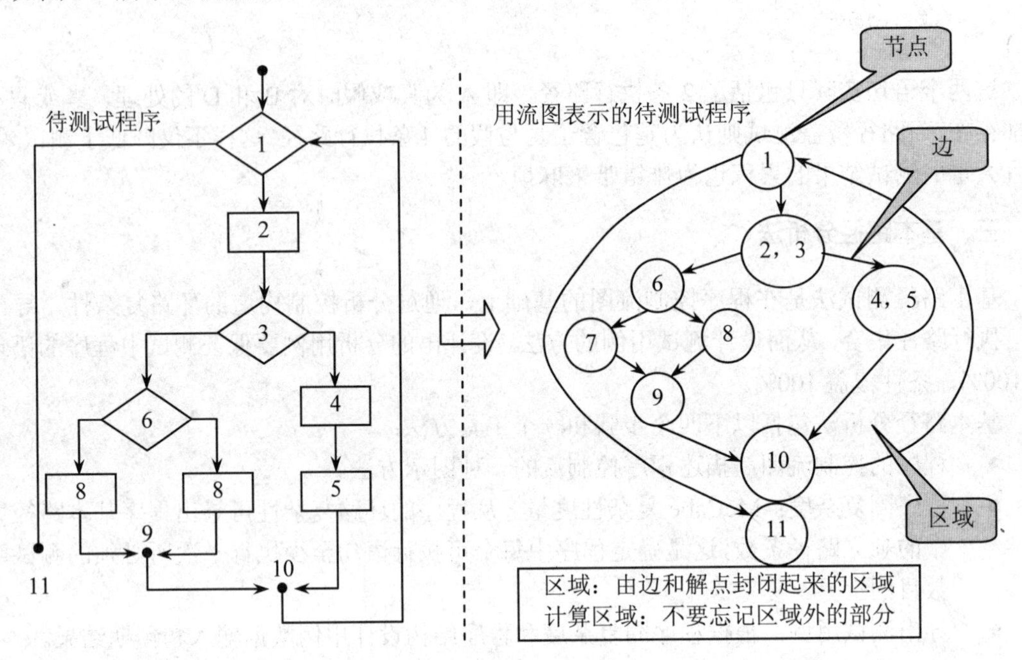

图 5-3 程序图转到控制流图

在将程序流程图简化成控制流图时，应注意：

- 在选择或多分支结构中，分支的汇聚处应有一个汇聚结点。
- 边和结点圈定的区域叫做区域，当对区域计数时，图形外的区域也应记为一个区域。
- 如果判断中的条件表达式是由一个或多个逻辑运算符（OR、AND、NAND、NOR）连接的复合条件表达式，则需要改为一系列只有单条件的嵌套的判断。

基本路径测试法的步骤如下：

第一步：画出控制流程图。

流程图用来描述程序控制结构。可将流程图映射到一个相应的流图（假设流程图的菱形决定框中不包含复合条件）。在流图中，每一个圆称为流图的结点，代表一个或多个语句；一个处理方框序列和一个菱形决测框可被映射为一个结点；流图中的箭头称为边或连接，代表控制流，类似于流程图中的箭头。一条边必须终止于一个结点，即使该结点并不代表任何语句（例如：if else then 结构）；由边和结点限定的范围称为区域。计算区域时应包括图外部的范围。

例：有下面的 C 函数，用基本路径测试法进行测试，如图 5-4 所示。

```
void Sort(int iRecordNum,int iType)
1    {
2      int x=0;
3      int y=0;
4      while(iRecordNum>0)
5       {
6         If(0== iType)
7           {x=y+2;break;}
8         else
```

```
9          if(1== iType)
10         x=y+10;
11         else
12          x=y+20;
13      iRecordNum--; }
14    }
```

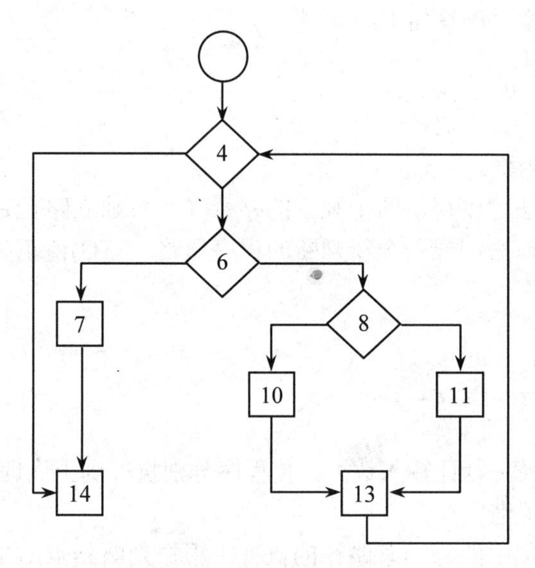

图 5-4　实例程序流程图

画出其程序流程图和对应的控制流，如图 5-5 所示。

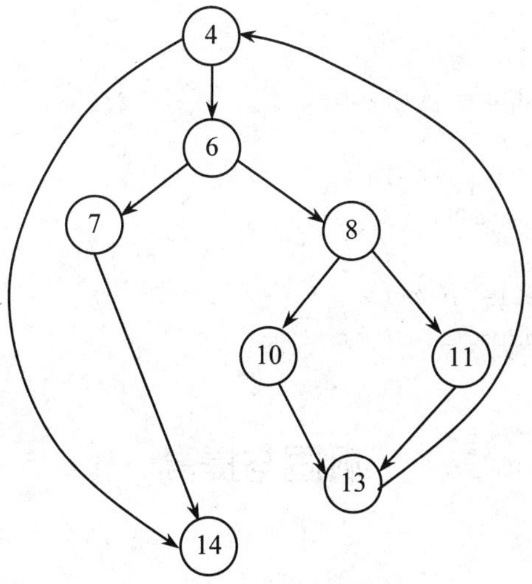

图 5-5　实例控制流图

第二步：计算圈复杂度。

圈复杂度是一种为程序逻辑复杂性提供定量测度的软件度量，将该度量用于计算程序的基本的独立路径数目，是确保所有语句至少执行一次的测试数量的上界。独立路径必须包含一条在定义之前不曾用到的边。

有以下三种方法计算圈复杂度：

（1）流图中区域的数量对应于环型的复杂性。

（2）给定流图 G 的圈复杂度 V(G)，定义为 V(G)=E-N+2，E 是流图中边的数量，N 是流图中结点的数量。

（3）给定流图 G 的圈复杂度 V(G)，定义为 V(G)=P+1，P 是流图 G 中判定结点的数量。

对上图中的圈复杂度，计算如下：

```
流图中有四个区域；
V(G)=10 条边-8 结点+2=4；
V(G)=3 个判定结点+1=4；
```

第三步：导出测试用例。

根据上面的计算方法，可得出四个独立的路径（一条独立路径是指和其他的独立路径相比，至少引入一个新处理语句或一个新判断的程序通路。V(G)值正好等于该程序的独立路径的条数）。

```
路径 1：4-14
路径 2：4-6-7-14
路径 3：4-6-8-10-13-4-14
路径 4：4-6-8-11-13-4-14
```

根据上面的独立路径去设计输入数据，使程序分别执行到上面四条路径。

第四步：准备测试用例。

为了确保基本路径集中的每一条路径的执行，根据判断结点给出的条件，选择适当的数据以保证某一条路径可以被测试到，满足上面例子基本路径集的测试用例是：

```
1、路径 1：4-14
输入数据：iRecordNum=0，或者取 iRecordNum<0 的某一个值
预期结果：x=0
2、路径 2：4-6-7-14
输入数据：iRecordNum=1，iType=0
预期结果：x=2
3、路径 3：4-6-8-10-13-4-14
输入数据：iRecordNum=1，iType=1
预期结果：x=10
4、路径 4：4-6-8-11-13-4-14
输入数据：iRecordNum=1，iType=2
预期结果：x=20
```

巩固与提高

一、选择题

1．选出属于白盒测试方法的选项（　　）。

A．测试用例覆盖　　B．输入覆盖

C．输出覆盖　　D．分支覆盖

E．语句覆盖　　F．条件覆盖

2．测试设计员的职责有（　　）。

A．制定测试计划　　B．设计测试用例

C．设计测试过程、脚本　　D．评估测试活动

3．测试用例包括（　　）。

A．标识符　　B．要测试的特性、方法

C．测试用例信息　　D．通过/失败规则

二、填空题

1．单元测试主要采用__________技术，辅之以__________技术，使之对任何合理和不合理的输入都能鉴别和响应。

2．__________是一种为程序逻辑复杂性提供定量测度的软件度量，将该度量用于计算程序的基本的__________，是确保所有语句至少执行一次的测试数量的__________。

3．基本的逻辑结构有三种：__________、__________、__________。

三、设计题

对下列C语言程序设计逻辑覆盖测试用例。

```
1    If (x>100&& y>500) then
2     score=score+1
3    If (x>=1000|| z>5000) then
4     score=score+5
```

第六章　黑盒测试技术

工作目标

知识目标

- 了解黑盒测试。
- 掌握黑盒测试常用测试方法。
- 掌握等价类划分法、边界值分析法、决策表法、因果图法、场景法。
- 掌握路径分析测试方法。

技能目标

- 了解黑盒测试。
- 熟悉黑盒测试的测试方法。
- 熟悉黑盒测试的测试方法的选择。

素养目标

- 培养学生的理解和自学能力。

工作任务

黑盒测试也称功能测试，它是通过测试来检测每个功能是否都能正常使用。在测试中，把程序看作一个不能打开的黑盒子，在完全不考虑程序内部结构和内部特性的情况下，在程序接口进行测试，它只检查程序功能是否按照需求规格说明书的规定正常使用，程序是否能适当地接收输入数据而产生正确的输出信息。黑盒测试着眼于程序外部结构，不考虑内部逻辑结构，主要针对软件界面和软件功能进行测试。也是测试人员以后从事测试工作的基础和重点。由此可见黑盒测试在软件测试中是多么的重要，什么是黑盒测试？黑盒测试的方法有哪些？如何进行黑盒测试？

工作计划与实施

任务分析之问题清单

- 黑盒测试概述。
- 等价类划分法。

- 边界值分析法。
- 决策表法。
- 因果图法。
- 场景法。

任务解析与实施

什么是黑盒测试?

黑盒测试是把测试对象看作一个黑盒子，测试人员完全不考虑程序内部的逻辑结构和内部特性，只依据程序的需求规格说明书，检查程序的功能是否符合它的功能说明。

黑盒测试又叫做功能测试或数据驱动测试。

一、黑盒测试概述

用黑盒测试发现程序中的错误，必须在所有可能的输入条件和输出条件中确定测试数据，来检查程序是否都能产生正确的输出。但这是不可能的。

假设一个程序P有输入量X和Y及输出量Z。在字长为32位的计算机上运行。若X、Y取整数，按黑盒方法进行穷举测试：

可能采用的测试数据组：$2^{32}\times2^{32}=2^{64}$

如果测试一组数据需要1毫秒，一年工作365×24小时，完成所有测试需5亿年。

黑盒测试也称功能测试，它是通过测试来检测每个功能是否都能正常使用。在测试中，把程序看作一个不能打开的黑盒子，在完全不考虑程序内部结构和内部特性的情况下，在程序接口进行测试，它只检查程序功能是否按照需求规格说明书的规定正常使用，程序是否能适当地接收输入数据而产生正确的输出信息。黑盒测试着眼于程序外部结构，不考虑内部逻辑结构，主要针对软件界面和软件功能进行测试。

具体的黑盒测试用例设计方法包括等价类划分法、边界值分析法、决策表法、判定表驱动法、场景法、错误推测法、因果图法、正交试验设计法、功能图法等。

这些方法是比较实用的，但采用什么方法，在使用时自然要针对开发项目的特点对方法加以适当的选择。

二、等价类划分法

等价类划分是一种典型的黑盒测试方法，用这一方法设计测试用例完全不考虑程序的内部结构，只根据对程序的需求和说明，即需求规格说明书。

由于穷举测试工作量太大，以致于无法实际完成，促使我们在大量的可能数据中选取其中的一部分作为测试用例。

等价类划分法是把程序的输入域划分成若干部分，然后从每个部分中选取少数代表性数据当作测试用例。

每一类的代表性数据在测试中的作用等价于这一类中的其他值，也就是说，如果某一类中的一个例子发现了错误，这一等价类中的其他例子也能发现同样的错误；反之，如果某一类中的一个例子没有发现错误，则这一类中的其他例子也不会查出错误。

使用这一方法设计测试用例，首先必须在分析需求规格说明的基础上划分等价类，列出等价类表。

划分等价类的原则如下。

① 按区间划分；

② 按数值划分；

③ 按数值集合划分；

④ 按限制条件或规则划分。

可以把全部输入数据合理划分为若干等价类，在每一个等价类中取一个数据作为测试的输入条件，就可以用少量代表性的测试数据取得较好的测试结果。

等价类划分有两种不同的情况：

（1）有效等价类：是指对于程序的规格说明来说是合理的、有意义的输入数据构成的集合。利用有效等价类可检验程序是否实现了规格说明中所规定的功能和性能。

（2）无效等价类：与有效等价类的定义恰巧相反。

设计测试用例时，要同时考虑这两种等价类。因为软件不仅要能接收合理的数据，也要能经受意外的考验。这样的测试才能确保软件具有更高的可靠性。

在输入条件规定了取值范围或值的个数的情况下，可以确立一个有效等价类和两个无效等价类。

在输入条件规定了输入值的集合或者规定了“必须如何”的条件的情况下，可以确立一个有效等价类和一个无效等价类。

在输入条件是一个布尔量的情况下，可确定一个有效等价类和一个无效等价类。

在规定了输入数据的一组值（假定n个），并且程序要对每一个输入值分别处理的情况下，可确立n个有效等价类和一个无效等价类。

在规定了输入数据必须遵守的规则的情况下，可确立一个有效等价类（符合规则）和若干个无效等价类（从不同角度违反规则）。

在确知已划分的等价类中各元素在程序处理中的方式不同的情况下，则应再将该等价类进一步地划分为更小的等价类。

在确立了等价类之后，建立等价类表6-1，列出所有划分出的等价类。

表6-1 等价类表

输入条件	有效等价类编号	有效等价类	无效等价类编号	无效等价类
…		…		…
…		…		…

根据已列出的等价类表，按以下步骤确定测试用例：

（1）为每个等价类规定一个唯一的编号；

（2）设计一个新的测试用例，使其尽可能多地覆盖尚未覆盖的有效等价类。重复这一步，最后使得所有有效等价类均被测试用例所覆盖；

（3）设计一个新的测试用例，使其只覆盖一个无效等价类。重复这一步，使所有无效等价类均被覆盖。

根据下面给出的规格说明，利用等价类划分的方法，给出足够的测试用例。

“一个程序读入 3 个整数，把这三个数值看作一个三角形的 3 条边的长度值。这个程序要打印出信息，说明这个三角形是不等边的、等腰的还是等边的。”

我们可以设三角形的 3 条边分别为 A、B、C。如果它们能够构成三角形的 3 条边，必须满足：A>0，B>0，C>0，且 A+B>C，B+C>A，A+C>B。

如果是等腰的，还要判断 A=B、B=C 或 A=C。

如果是等边的，则需判断是否 A=B，且 B=C，A=C。三角形等价类表如表 6-2 所示。

表 6-2　三角形等价类表

输入条件	有效等价类编号	有效等价类	无效等价类编号	无效等价类
是否是三角形的三条边	（1） （2） （3） （4） （5） （6）	（A>0） （B>0） （C>0） （A+B>C） （B+C>A） （A+C>B）	（7） （8） （9） （10） （11） （12）	（A≤0） （B≤0） （C≤0） （A+B≤C） （B+C≤A） （A+C≤B）
是否是等腰三角形	（13） （14） （15）	（A=B） （B=C） （C=A）	（16）	（A≠B）and（B≠C）and（C≠A）
是否是等边三角形	（17）	（A=B）and（B=C）and（C=A）	（18） （19） （20）	（A≠B） （B≠C） （C≠A）

三角形等价类划分测试用例如表 6-3 所示。

表 6-3　三角形等价类划分测试用例

序号	【A,B,C】	覆盖等价类	输出
1	【3,4,5】	（1），（2），（3），（4），（5），（6）	一般三角形
2	【0,1,2】	（7）	不能构成三角形
3	【1,0,2】	（8）	
4	【1,2,0】	（9）	
5	【1,2,3】	（10）	
6	【1,3,2】	（11）	
7	【3,1,2】	（12）	
8	【3,3,4】	（1），（2），（3），（4），（5），（6），（13）	等腰三角形
9	【3,4,4】	（1），（2），（3），（4），（5），（6），（14）	
10	【3,4,3】	（1），（2），（3），（4），（5），（6），（15）	
11	【3,4,5】	（1），（2），（3），（4），（5），（6），（16）	非等腰三角形
12	【3,3,3】	（1），（2），（3），（4），（5），（6），（17）	是等边三角形
13	【3,4,4】	（1），（2），（3），（4），（5），（6），（14），（18）	非等边三角形
14	【3,4,3】	（1），（2），（3），（4），（5），（6），（15），（19）	
15	【3,3,4】	（1），（2），（3），（4），（5），（6），（13），（20）	

三、边界值分析法

由测试工作的经验得知，大量的错误是发生在输入或输出范围的边界上，而不是在输入范围的内部。因此针对各种边界情况设计测试用例，可以查出更多的错误。

边界值分析是一种补充等价划分的测试用例设计技术，它不是选择等价类的任意元素，而是选择等价类边界的测试用例。实践证明，为检验边界附近的处理专门设计测试用例，常常能取得良好的测试效果。

1. 边界值设计原则

对边界值设计测试用例，应遵循以下几条原则：

（1）如果输入条件规定了值的范围，则应取刚达到这个范围的边界值，以及刚刚超越这个范围边界的值作为测试输入数据。

（2）如果输入条件规定了值的个数，则用最大个数、最小个数、比最小个数少一、比最大个数多一的数作为测试数据。

（3）根据规格说明的每个输出条件，应用前面的原则（1）。

（4）根据规格说明的每个输出条件，应用前面的原则（2）。

（5）如果程序的规格说明给出的输入域或输出域是有序集合，则应选取集合的第一个元素和最后一个元素作为测试用例。

（6）如果程序中使用了一个内部数据结构，则应当选择这个内部数据结构的边界值作为测试用例。

（7）分析规格说明，找出其他可能的边界条件。

标准边界值分析：

Min　min+　nom　max-　max

健壮边界值分析：

Min- (Min　min+　nom　max-　max)　Max+

边界值分析的例子：

- 0 <= x <=100
- 0 < x < 100

2. 其他边界条件

另一种看起来很明显的软件缺陷来源是当软件要求输入时（比如在文本框中），不是没有输入正确的信息，而是根本没有输入任何内容，只按了 Enter 键。这种情况在产品说明书中常常被忽视，程序员也可能经常遗忘，但是在实际应用中却时有发生。程序员总会习惯性地认为用户要么输入信息，不管是看起来合法的或非法的信息，要么就会按 Cancel 键放弃输入，如果没有对空值进行好的处理，恐怕程序员自己都不知道程序会引向何方。

正确的软件通常应该将输入内容默认为合法边界内的最小值或者合法区间内某个合理值，否则返回错误提示信息。

因为这些值通常在软件中进行特殊处理，所以不要把它们与合法情况和非法情况混在一起，而要建立单独的等价区间。

请大家分析以下情况：

一密码框，要求输入 1～6 个数字组成的密码。

特别地：管理员密码默认为“admin”。

请运用等价类划分和边界值法分析测试数据。

四、决策表法

在一些数据处理问题中，某些操作是否实施依赖于多个逻辑条件的取值，即在这些逻辑条件取值的组合所构成的多种情况下，分别执行不同的操作。处理这类问题的一个非常有力的分析和表达工具是决策表。

早在程序设计发展的初期，决策表就已被当作编写程序的辅助工具使用。由于它可以把复杂的逻辑关系和多种条件组合的情况表达得既明确又得体，因而给编写者、检查者和读者均带来很大方便。

例：在翻开一本技术书的几页目录后，读者看到一张表，名为“本书阅读指南（表 6-4）”。表的内容给读者指明了在读书过程中可能遇到的种种情况，以及作者针对各种情况给读者的建议。表中列举了读者读书时可能遇到的三个问题。若读者的回答是肯定的，标以字母“Y”；若回答是否定的，标以字母“N”。三个判定条件，其取值的组合共有 8 种情况。该表为读者提供了 4 条建议，但并不需要每种情况都施行。这里把要实施的建议在相应栏内标以“X”，其他栏内的建议什么也不标。

表 6-4　本书阅读指南

		1	2	3	4	5	6	7	8
问题	你觉得疲倦吗？	Y	Y	Y	Y	N	N	N	N
	你对内容感兴趣吗？	Y	Y	N	N	Y	Y	N	N
	书中的内容使你糊涂吗？	Y	N	Y	N	Y	N	Y	N
建议	请回到本章开头重读	X				X			
	继续读下去		X				X		
	跳到下一章去读							X	X
	停止阅读，请休息			X	X				

在所有的黑盒测试方法中，基于决策表（也称判定表）的测试是最为严格、最具有逻辑性的测试方法。决策表通常由四个部分组成，如表 6-5 所示。

表 6-5　决策表

条件桩	条件项
动作桩	动作项

规则

条件桩：列出了问题的所有条件，通常认为列出的条件的先后次序无关紧要。

动作桩：列出了问题规定的可能采取的操作，这些操作的排列顺序没有约束。

条件项：针对条件桩给出的条件，列出所有可能的取值。

动作项：与条件项紧密相关，列出在条件项的各组取值情况下应该采取的动作。

任何一个条件组合的特定取值及其相应要执行的操作称为一条规则，在决策表中贯穿条件项和动作项的一列就是一条规则。显然，决策表中列出多少组条件取值，也就有多少条规则，即条件项和动作项有多少列。

根据软件规格说明，建立决策表的步骤如下：

（1）确定规则的个数。假如有 n 个条件，每个条件有两个取值，故有 2^n 种规则。

（2）列出所有的条件桩和动作桩。

（3）填入条件项。

（4）填入动作项，得到初始决策表。

（5）化简。合并相似规则（相同动作）。

化简工作是以合并相似规则为目标的。

若表中有两条或多条规则具有相同的动作，并且其条件项之间存在着极为相似的关系，则可设法合并。

例：化简、合并相似规则如图 6-1 所示。

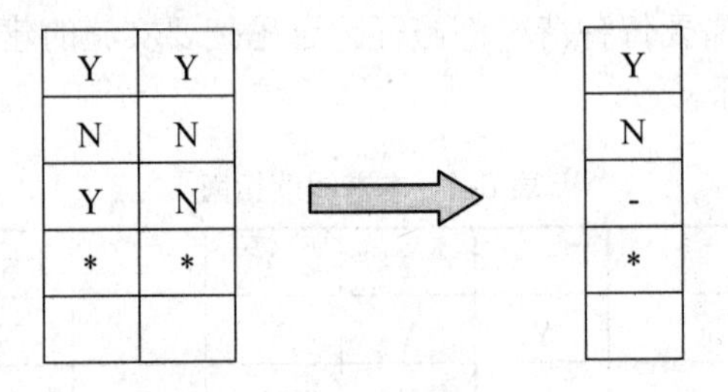

图 6-1　化简规则

如表 6-6 所示为化简后的本书阅读指南判定表。

表 6-6　化简后的本书阅读指南判定表

		1	2	3	4
问题	你觉得疲倦吗？	—	—	Y	N
	你对内容感兴趣吗？	Y	Y	N	N
	书中的内容使你糊涂吗？	Y	N	—	—
建议	请回到本章开头重读	X			
	继续读下去		X		
	跳到下一章去读				X
	停止阅读，请休息			X	

以下列问题为例给出构造决策表的具体过程。

问题要求：“…对功率大于 50 马力的机器、维修记录不全且已运行 10 年以上的机器，应给予优先的维修处理…”。这里假定“维修记录不全”和“优先维修处理”均已在别处有更严格的定义。

（1）确定规则的个数。有 3 个条件和 8 种规则。

（2）列出所有的条件桩和动作桩。

（3）填入条件项。

（4）填入动作项。得到初始判定表（表 6-7）。

表 6-7　初始判定表

		1	2	3	4	5	6	7	8
条件	功率大于 50 马力	Y	Y	Y	Y	N	N	N	N
	维修记录不全	Y	Y	N	N	Y	Y	N	N
	运行超过 10 年	Y	N	Y	N	Y	N	Y	N
动作	进行优先维修	X	X	X	X	X			
	做其他处理						X	X	X

（5）简化判定表（表 6-8）。

表 6-8　简化判定表

		1	2	3	4
条件	功率大于 50 马力	Y	N	N	N
	维修记录不全	--	Y	Y	N
	运行超过 10 年	--	Y	N	--
动作	进行优先维修	X	X		
	做其他处理			X	X

每种测试方法都有适用的范围，决策表法适用于下列情况：

（1）规格说明以决策表形式给出，或很容易转换成决策表。

（2）条件的排列顺序不会也不应影响执行哪些操作。

（3）规则的排列顺序不会也不应影响执行哪些操作。

（4）每当某一规则的条件已经满足，并确定要执行的操作后，不必检验其他规则。

（5）如果某一规则得到满足且要执行多个操作，这些操作的执行顺序无关紧要。

决策表最突出的优点是，能够将复杂的问题按照各种可能的情况全部列举出来，简明并避免遗漏。因此，利用决策表能够设计出完整的测试用例集合。运用决策表设计测试用例可以将条件理解为输入，将动作理解为输出。

五、因果图法

1. 因果图法概述

等价类划分方法和边界值分析方法着重考虑输入条件，而不考虑输入条件的各种组合，也不考虑输入条件之间的相互制约关系，但有时一些具体问题中的输入之间存在着相互依赖的关系。

如果输入之间有关系，我们在测试时必须考虑输入条件的各种组合，那么可以考虑使用一种适合于描述对于多种条件的组合相应产生多个动作的形式来设计测试用例，这就需要利用因果图。

因果图方法最终生成的就是判定表，它适合于检查程序输入条件的各种组合情况。

使用因果图法设计测试用例时，首先从程序规格说明书的描述中找出因（输入条件）和果（输出结果或者程序状态的改变），然后通过因果图转换为判定表，最后为判定表中的每一列设计一个测试用例。

2. 因果图中出现的基本符号（图 6-2）

通常在因果图中用 C1 表示原因，用 E1 表示结果，各结点表示状态，可取值“0”或“1”。“0”表示某状态不出现，“1”表示某状态出现。

因果图基本符号如图 6-2 所示。

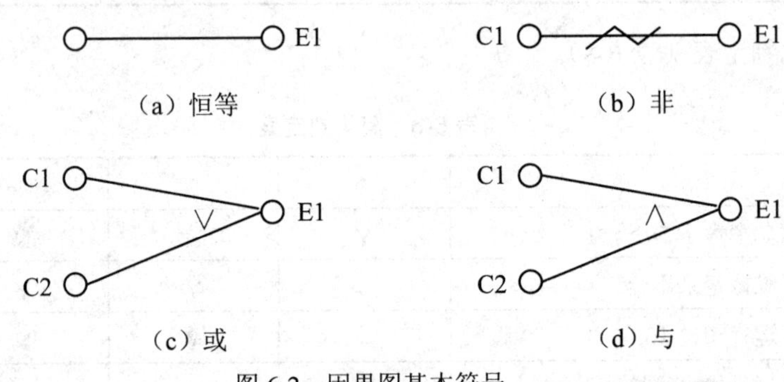

图 6-2　因果图基本符号

恒等：若 C1 为 1，则 E1 也为 1，否则 E1 为 0。

非：若 C1 是 1，则 E1 为 0，否则 E1 是 1。

或：若 C1、C2 或 C3 是 1，则 E1 是 1；若三者都不为 1，则 E1 为 0。

与：若 C1 和 C2 都是 1，则 E1 为 1；否则若有其中一个不为 1，则 E1 为 0。

实际问题中，输入状态之间可能存在某些依赖关系，这种依赖关系被称为“约束”。在因果图中使用特定的符号来表示这些约束关系。

约束关系说明：

E 约束（异）（图 6-3）：a 和 b 最多有一个可能为 1，不能同时为 1。

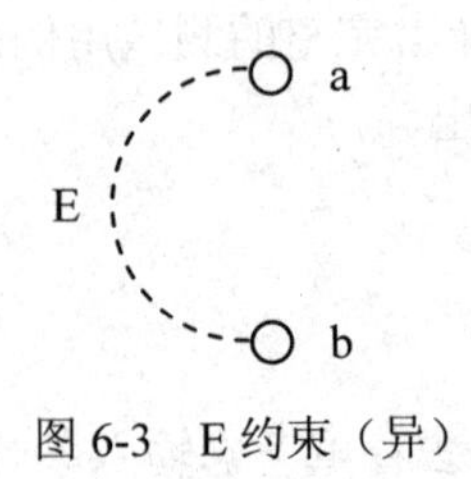

图 6-3　E 约束（异）

I 约束（或）（图 6-4）：a、b、c 中至少有一个必须为 1，不能同时为 0。

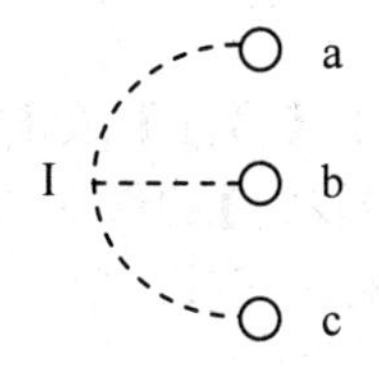

图 6-4 I 约束（或）

O 约束（唯一）（图 6-5）：a 和 b 必须有一个且仅有一个为 1。

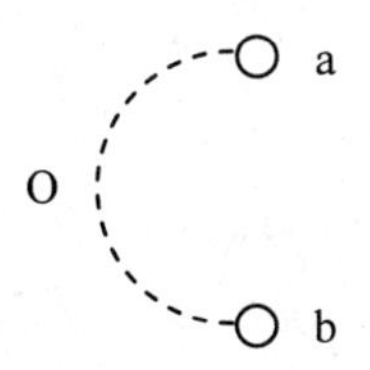

图 6-5 O 约束（唯一）

R 约束（要求）（图 6-6）：a 是 1 时，b 必须是 1，即 a 为 1 时，b 不能为 0。

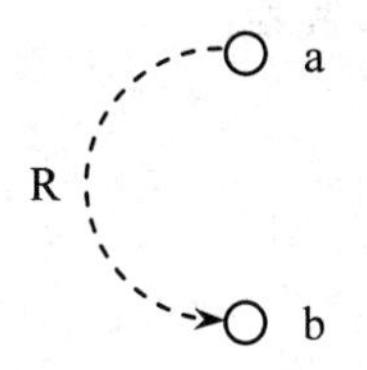

图 6-6 R 约束（要求）

M 约束（图 6-7）：对输出条件的约束，若结果 a 为 1，则结果 b 必须为 0。

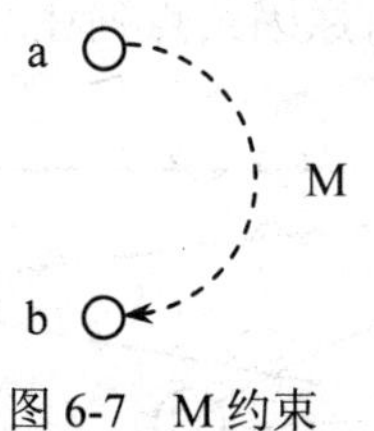

图 6-7 M 约束

3. 用因果图生成测试用例的基本步骤

（1）分析软件规格说明描述中哪些是原因 （即输入条件或输入条件的等价类）、哪些是结果 （即输出条件），并给每个原因和结果赋予一个标识符。

（2）分析软件规格说明描述中的语义，找出原因与结果之间、原因与原因之间对应的是什么关系？根据这些关系，画出因果图。

（3）由于语法或环境限制，有些原因与原因之间、原因与结果之间的组合情况不可能出现。为表明这些特殊情况，在因果图上用一些记号标明约束或限制条件。

（4）把因果图转换成判定表。

（5）把判定表的每一列拿出来作为依据，设计测试用例。

例如，有一个处理单价为 5 角钱的饮料的自动售货机软件测试用例的设计。其规格说明如下：

若投入 5 角钱或 1 元钱的硬币，按下【橙汁】或【啤酒】按钮，则相应的饮料就送出来。若售货机没有零钱找，则一个显示【零钱找完】的红灯亮，这时在投入 1 元硬币并按下按钮后，饮料不送出来且 1 元硬币也退出来；若有零钱找，则显示【零钱找完】的红灯灭，在送出饮料的同时退还 5 角硬币。

（1）分析这一段说明，列出原因和结果

原因：

1）售货机有零钱找；

2）投入 1 元硬币；

3）投入 5 角硬币；

4）按下【橙汁】按钮；

5）按下【啤酒】按钮。

建立中间结点，表示处理中间状态。

11）投入 1 元硬币且按下【饮料】按钮；

12）按下【橙汁】或【啤酒】按钮；

13）应当找 5 角零钱且售货机有零钱找；

14）钱已付清。

结果：

21）售货机【零钱找完】灯亮；

22）退还 1 元硬币；

23）退还 5 角硬币；

24）送出橙汁饮料；

25）送出啤酒饮料。

（2）画出因果图（图 6-8）。所有原因结点列在左边，所有结果结点列在右边。

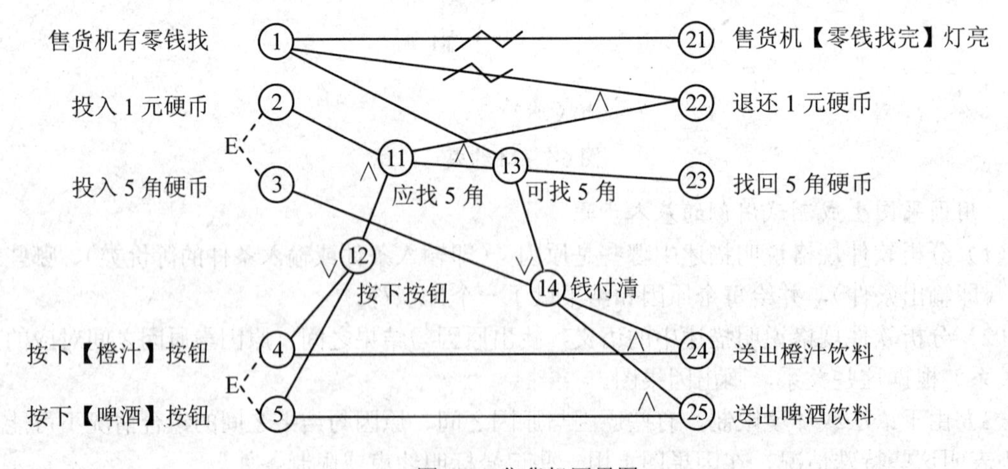

图 6-8　售货机因果图

（3）由于 2 与 3 和 4 与 5 不能同时发生，分别加上约束条件 E。

（4）因果图转换成判定表，如表 6-9 和表 6-10 所示。

表 6-9　判定表

		1	2	3	4	5	6	7	8	9	10	11	12	13	14	15	16
条件	1	1	1	1	1	1	1	1	1	1	1	1	1	1	1	1	1
	2	1	1	1	1	1	1	1	1	0	0	0	0	0	0	0	0
	3	1	1	1	1	0	0	0	0	1	1	1	1	0	0	0	0
	4	1	1	0	0	1	1	0	0	1	1	0	0	1	1	0	0
	5	1	0	1	0	1	0	1	0	1	0	1	0	1	0	1	0
中间结果	11						1	1	0		0	0	0		0	0	0
	12						1	1	0		1	1	0		1	1	0
	13						1	1	0		0	0	0		0	0	0
	14						1	1	0		1	1	1		0	0	0
结果	21						0	0	0		1	1	1		0	0	0
	22						0	0	0		0	0	0		0	0	0
	23						1	1	0		0	0	0		0	0	0
	24						1	0	0		1	0	0		0	0	0
	25						0	1	0		0	1	0		0	0	0
测试用例							Y	Y	Y		Y	Y	Y		Y	Y	

表 6-10　判定表续表

		17	18	19	20	21	22	23	24	25	26	27	28	29	30	31	32
条件	1	0	0	0	0	0	0	0	0	0	0	0	0	0	0	0	0
	2	1	1	1	1	1	1	1	1	0	0	0	0	0	0	0	0
	3	1	1	1	1	0	0	0	0	1	1	1	1	0	0	0	0
	4	1	1	0	0	1	1	0	0	1	1	0	0	1	1	0	0
	5	1	0	1	0	1	0	1	0	1	0	1	0	1	0	1	0
中间结果	11						1	1	0		0	0	0		0	0	0
	12						1	1	0		1	1	0		1	1	0
	13						0	0	0		0	0	0		0	0	0
	14						0	0	0		1	1	1		0	0	0
结果	21						1	1	1		1	1	1		1	1	1
	22						1	1	0		0	0	0		0	0	0
	23						0	0	0		0	0	0		0	0	0
	24						0	0	0		1	0	0		0	0	0
	25						0	0	0		0	1	0		0	0	0
测试用例							Y	Y	Y		Y	Y	Y		Y	Y	

（5）设计测试用例，如表 6-11 所示。

表 6-11　测试用例图

编号	输入条件 12345 组合	期望输出
Test1	11010	23，24
Test2	11001	23，25
Test3	11000	..
Test4	10110	24
Test5	10101	25
Test6	10100	..
Test7	10010	..
Test8	10001	..
Test9	01010	21，22
Test10	01001	21，22
Test11	01000	21
Test12	00110	21，24
Test13	00101	21，25
Test14	00100	21
Test15	00010	21
Test16	00001	21

六、场景法

用例场景用来描述流经用例的路径，从用例开始到结束遍历这条路径上所有基本流和备选流。

现在的软件几乎都是用事件触发来控制流程的，事件触发时的情景便形成了场景，而同一事件不同的触发顺序和处理结果就形成了事件流。这种在软件设计方面的思想也可引入到软件测试中，可以比较生动地描绘出事件触发时的情景，有利于测试设计者设计测试用例，同时使测试用例更容易理解和执行。

图 6-9 中经过用例的每条路径都用基本流和备选流来表示，直黑线表示基本流（经过用例的最简单的路径）。备选流用不同的彩色表示，一个备选流可能从基本流开始，在某个特定条件下执行，然后重新加入基本流中（如备选流 1 和 3）；也可能起源于另一个备选流（如备选流 2），或者终止用例而不再重新加入到某个流（如备选流 2 和 4）。

按照上图中每个经过用例的路径，可以确定以下不同的用例场景：

- 场景 1：基本流。
- 场景 2：基本流→备选流 1。
- 场景 3：基本流→备选流 1→备选流 2。
- 场景 4：基本流→备选流 3。

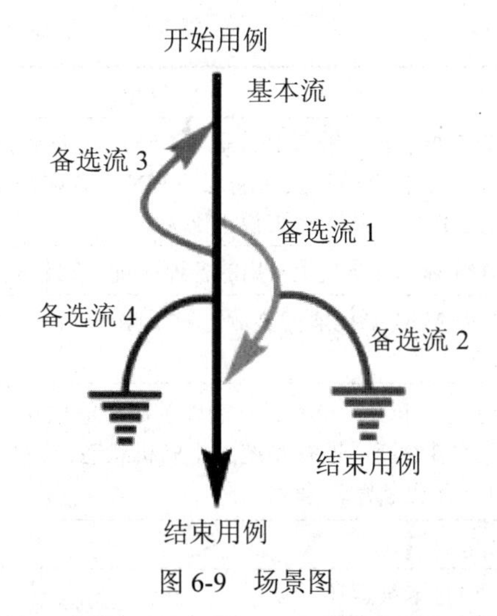

图 6-9　场景图

- 场景 5：基本流→备选流 3→备选流 1。
- 场景 6：基本流→备选流 3→备选流 1→备选流 2。
- 场景 7：基本流→备选流 4。
- 场景 8：基本流→备选流 3→备选流 4。

注意：*为方便起见，场景 5、6 和 8 只考虑了备选流 3 循环执行一次的情况。*

下面以 ATM 为例。

（1）例子描述。

如图 6-10 所示是 ATM 例子的示意图。

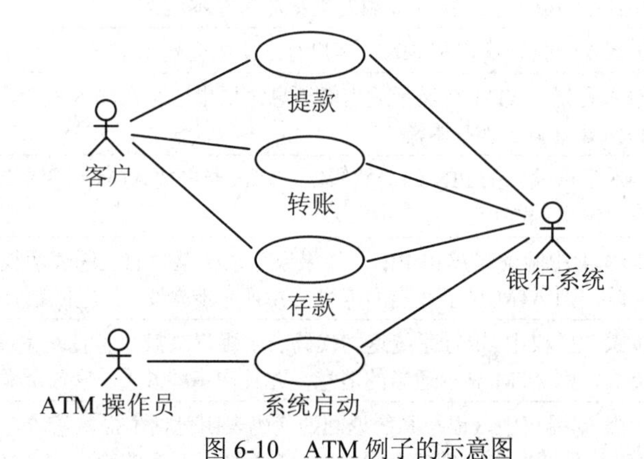

图 6-10　ATM 例子的示意图

如表 6-12 所示为 ATM 例子的基本流与备选流。

表 6-12　基本流与备选流

事件	结果
基本流	本用例的开端是 ATM 处于准备就绪状态
	准备提款——客户将银行卡插入 ATM 机的读卡机
	验证银行卡——ATM 机从银行卡的磁条中读取账户代码，并检查它是否属于可以接收的银行卡

续表

事件	结果
基本流	输入PIN——ATM要求客户输入PIN码（4位）；验证账户代码和PIN——验证账户代码和PIN，以确定该账户是否有效以及所输入的PIN对该账户来说是否正确。对于此事件流，账户是有效的，而且PIN对此账户来说正确无误
	ATM选项——ATM显示在本机上可用的各种选项。在此事件流中，银行客户通常选择“提款”
	输入金额——要从ATM中提取的金额。对于此事件流，客户需选择预设的金额（100元、500元、2000元）
	授权——ATM通过将卡ID、PIN、金额以及账户信息作为一笔交易发送给银行系统来启动验证过程。对于此事件流，银行系统处于联机状态，而且对授权请求给予答复，批准完成提款过程，并且据此更新账户余额
	出钞——提供现金
	返回银行卡——银行卡被返还
	收据——打印收据并提供给客户。ATM还相应地更新内部记录
	用例结束时，ATM又回到准备就绪状态
	使用用例场景设计测试用例
备选流1：银行卡无效	在基本流步骤2中验证银行卡，如果卡是无效的，则卡被退回，同时会通知相关消息
备选流2：ATM内没有现金	在基本流步骤5中使用ATM选项，如果ATM内没有现金，则“提款”选项将无法使用
备选流3：ATM内现金不足	在基本流步骤6中输入金额，如果ATM机内金额少于请求提取的金额，则将显示一则适当的消息，并且在步骤6——输入金额处重新加入基本流
备选流4：PIN有误	在基本流步骤4中验证账户和PIN，客户有三次机会输入PIN
	如果PIN输入有误，ATM将显示适当的消息；如果还存在输入机会，则此事件流在步骤3——输入PIN处重新加入基本流
	如果最后一次尝试输入的PIN码仍然错误，则该卡将被ATM机保留，同时ATM返回到准备就绪状态，本用例终止
备选流5：账户不存在	在基本流步骤4中验证账户和PIN，如果银行系统返回的代码表明找不到该账户或禁止从该账户中提款，则ATM显示适当的消息，并且在步骤9——返回银行卡处重新加入基本流
备选流6：账面金额不足	在基本流步骤7授权中，银行系统返回代码表明账户余额少于在基本流步骤6——输入金额内输入的金额，则ATM显示适当的消息，并且在步骤6——输入金额处重新加入基本流
备选流7：达到每日最大的提款金额	在基本流步骤7授权中，银行系统返回的代码表明包括本提款请求在内，客户已经或将超过在24小时内允许提取的最多金额，则ATM显示适当的消息，并在步骤6——输入金额处重新加入基本流
备选流x：记录错误	如果在基本流步骤10——收据中，记录无法更新，则ATM进入“安全模式”，在此模式下，所有功能都将暂停使用。同时向银行系统发送一条适当的警报信息，表明ATM已经暂停工作
备选流y：退出	客户可随时决定终止交易（退出）。交易终止，银行卡随之退出
备选流z：“翘起”	ATM包含大量的传感器，用以监控各种功能，如电源检测器、不同的门和出入口处的测压器以及动作检测器等。在任一时刻，如果某个传感器被激活，则警报信号将发送给警方且ATM进入“安全模式”，在此模式下，所有功能都暂停使用，直到采取适当的重启/重新初始化的措施

（2）场景设计。

场景 1：成功提款（基本流）。

场景 2：ATM 内没有现金（基本流→备选流 2）。

场景 3：ATM 内现金不足（基本流→备选流 3）。

场景 4：PIN 有误（还有输入机会）（基本流→备选流 4）。

场景 5：PIN 有误（不再有输入机会）（基本流→备选流 4）。

场景 6：账户不存在/账户类型有误（基本流→备选流 5）。

场景 7：账户余额不足（基本流→备选流 6）。

（3）用例设计。

注意：为方便起见，备选流 3 和 6（场景 3 和 7）内的循环以及循环组合未纳入上表。

对这 7 个场景中的每一个场景都需要确定测试用例。可以采用矩阵或决策表来确定和管理测试用例。表 6-13 显示了一种通用格式，其中各行代表各个测试用例，而各列则代表测试用例的信息。本示例中，对于每个测试用例，存在一个测试用例 ID、条件（或说明）、测试用例中涉及的所有数据元素（作为输入或已经存在于数据库中）以及预期结果。

表 6-13　测试用例

测试用例 ID	场景/条件	PIN	账号	输入的金额（或选择的金额）	账面金额	ATM 内的金额	预期结果
CW1	场景 1-成功提款	V	V	V	V	V	成功提款
CW2	场景 2-ATM 内没有现金	V	V	V	V	V	提款选项不可用，用例结束
CW3	场景 3-ATM 内现金不足	V	V	V	V	I	警告信息，返回基本流步骤 6，输入金额
CW4	场景 4-PIN 有误（还有不止一次输入机会）	I	V	N/A	V	I	警告信息，返回基本流步骤 4，输入 PIN
CW5	场景 4-PIN 有误（还有一次输入机会）	I	V	N/A	V	V	警告信息，返回基本流步骤 4，输入 PIN
CW6	场景 4-PIN 有误（不再有输入机会）	I	V	N/A	V	V	警告信息，卡予保留，用例结束

通过从确定执行用例场景所需的数据元素入手构建矩阵。然后对于每个场景至少要确定包含执行场景所需的适当条件的测试用例。例如，在上面的矩阵中，V（有效）用于表明这个条件必须是 VALID（有效的）才可执行基本流，而 I（无效）用于表明这种条件下将激活所需备选流，N/A 表明这个条件不适用于测试用例。

（4）数据设计。

一旦确定了所有的测试用例，则应对这些用例进行复审和验证，以确保其准确且适度，并取消多余或等效的测试用例。

测试用例一经认可，就可以确定实际数据值（在测试用例实施矩阵中）并且设定测试数据，如表 6-14 所示。

表 6-14 数据设计

TC（测试用例）ID 号	场景	卡有效	账户有效	密码	金额	金额规则验证	预期结果
1	1	T	T(1,200)	111111（正确）	100	T	取款
2	2	F	--	--	--	--	退卡
3	3	T	T(1,200)	000000	---	---	返回输入
4	4	T	T(1,200)	222222（3 次后）	---	---	吞卡
5	5	T	F(NULL)	---	---	--	退卡
6	6	T	T(1,200)	111111	10	F（违反 50，100）	重新输入金额

七、测试方法的选择

为了最大程度地减少测试遗留的缺陷，同时也为了最大限度地发现存在的缺陷，在测试实施之前，测试工程师必须确定将要采用的黑盒测试策略和方法，并以此为依据制定详细的测试方案。通常，一个好的测试策略和测试方法必将给整个测试工作带来事半功倍的效果。

如何才能确定好的黑盒测试策略和测试方法呢？通常，在确定黑盒测试方法时，应该遵循以下原则：

（1）根据程序的重要性和一旦发生故障将造成的损失程度来确定测试等级和测试重点。

（2）认真选择测试策略，以便能尽可能少地使用测试用例，发现尽可能多的程序错误。因为一次完整的软件测试过后，如果程序中遗留的错误过多且严重，则表明该次测试是不足的，而测试不足则意味着让用户承担隐藏错误带来的危险，但测试过度又会带来资源的浪费。因此，测试需要找到一个平衡点。

以下是各种黑盒测试方法选择的综合策略，可在实际应用过程中参考。

（1）首先进行等价类划分，包括输入条件和输出条件的等价划分，将无限测试变成有限测试，这是减少工作量和提高测试效率的最有效方法。

（2）在任何情况下都必须使用边界值分析方法。经验表明，用这种方法设计出的测试用例发现程序错误的能力最强。

（3）对照程序逻辑，检查已设计出的测试用例的逻辑覆盖程度。如果没有达到要求的覆盖标准，应当再补充足够的测试用例。

（4）如果程序的功能说明中含有输入条件的组合情况，则应在一开始就选用因果图法。

黑盒测试是一种确认技术，目的是确认“设计的系统是否正确”。黑盒测试是以用户的观点，从输入数据与输出数据的对应关系（也就是根据程序外部特性进）行的测试，而不考虑内部结构及工作情况；黑盒测试技术注重于软件的信息域（范围），通过划分程序的输入和输出域来确定测试用例；若外部特性本身存在问题或规格说明的规定有误，则应用黑盒测试方法是不能发现问题的。

黑盒测试的优点如下：

- 适用于各个测试阶段；
- 从产品功能角度进行测试；

- 容易入手生成测试数据。

黑盒测试的缺点如下：

- 某些代码得不到测试；
- 如果规则说明有误，则无法发现；
- 不易进行充分行测试。

巩固与提高

一、选择题

1．黑盒测试法是根据程序的（　　）来设计测试用例的。

A．应用范围　　B．内部逻辑

C．功能　　D．输入数据

2．黑盒测试用例设计方法包括（　　）等。

A．等价类划分法、因果图法、正交试验设计法、功能图法、路径覆盖法、语句覆盖法

B．等价类划分法、边界值分析法、判定表驱动法、场景法、错误推测法、因果图法、正交试验设计法、功能图法

C．因果图法、边界值分析法、判定表驱动法、场景法、路径覆盖法

D．场景法、错误推测法、因果图法、正交试验设计法、功能图法、域测试法

3．（　　）是一种黑盒测试方法，它是把程序的输入域划分成若干部分，然后从每个部分中选取少数代表性数据当作测试用例。

A．等价类划分法　　B．边界值分析法

C．因果图法　　D．场景法

二、填空题

1．因果图法最终生成的就是__________，它适合于检查__________的各种组合情况。

2．用例场景用来描述流经用例的路径，从用例开始到结束遍历这条路径上所有__________和__________。

3．__________和__________着重考虑输入条件，而不考虑输入条件的各种组合，也不考虑输入条件之间的相互制约关系。

三、思考题

1．分析中国象棋中走马的实际情况（下面未注明的均指的是对马的说明）。

2．有一个在线购物的实例，用户进入一个在线购物网站进行购物，选购物品后，进行在线购买，这时需要使用账号登录，登录成功后，进行付钱交易，交易成功后，生成订购单，完成整个购物过程。

3．下面是某股票公司的佣金政策，根据决策表法设计具体测试用例。

如果一次销售额少于 1000 元，那么基础佣金将是销售额的 7%；如果销售额等于或多于

1000 元，但少于 10000 元，那么基础佣金将是销售额的 5%，外加 50 元；如果销售额等于或多于 10000 元，那么基础佣金将是销售额的 4%，外加 150 元。另外，销售单价和销售的份数对佣金也有影响。如果单价低于 15 元/份，则外加基础佣金的 5%，若不是整百的份数，再外加 4%的基础佣金；若单价在 15 元/份以上，但低于 25 元/份，则外加 2%的基础佣金，若不是整百的份数，再外加 4%的基础佣金；若单价在 25 元/份以上，并且不是整百的份数，则外加 4%的基础佣金。

第七章　软件测试文档

工作目标

知识目标

- 了解测试计划。
- 掌握测试文档的定义和内容。
- 掌握软件生命周期各阶段的测试任务与可交付的文档。
- 掌握测试用例所包含的文档。

技能目标

- 了解测试计划。
- 熟悉软件生命周期各阶段的测试任务与可交付的文档。
- 熟悉测试用例所包含的文档。

素养目标

- 培养学生的理解和自学能力。

工作任务

每一个测试项目过程中都会产生很多文档，从项目启动前的计划书到项目结束后的总结报告，其中有产品需求、测试计划、测试用例和各种重要会议的会议记录等。软件测试文件为了实现这些目的，对测试中的要求、过程及测试结果以正式的文件形式写出，所以说测试文件的编写是测试工作规范化的一个重要组成部分。有必要将文档管理融入到项目管理中去，成为项目管理很重要的一个环节。由此可见，软件测试文档在软件测试过程中十分重要，那么什么是软件测试文档？软件测试文档有哪些？这些测试文档的格式如何？

工作计划与实施

任务分析之问题清单

- 测试计划。
- 测试文档的定义。
- 测试文档的重要性。

- 测试文档的内容。
- 软件生命周期各阶段的测试任务与可交付的文档。
- 测试用例所包含的文档。

任务解析与实施

一、测试计划

软件测试是一个有组织、有计划的活动，应当给予充分的时间和资源进行测试计划，这样软件测试才能在合理的控制下正常进行。测试计划（Test Planning）作为测试的起始步骤，是整个软件测试过程的关键管理者。

1. 测试计划的定义

测试计划规定了测试各个阶段所要使用的方法策略、测试环境、测试通过或失败的准则等内容。《ANSI/IEEE 软件测试文档标准 829-1983》将测试计划定义为："一个叙述了预定的测试活动的范围、途径、资源及进度安排的文档。它确认了测试项、被测特征、测试任务、人员安排，以及任何偶发事件的风险。"

2. 测试计划的目的和作用

测试计划的目的是明确测试活动的意图。它规范了软件测试内容、方法和过程，为有组织地完成测试任务提供保障。专业的测试必须以一个好的测试计划作为基础。尽管测试的每一个步骤都是独立的，但是必须要有一个起到框架结构作用的测试计划。

3. 测试计划书

测试计划文档化就成为测试计划书，包含总体计划和分级计划，是可以更新改进的文档。从文档的角度看，测试计划书是最重要的测试文档，完整细致并具有远见性的计划书会使测试活动安全顺利地向前进行，从而确保所开发的软件产品的高质量。

4. 测试计划的内容

软件测试计划是整个测试过程中最重要的部分，为实现可管理且高质量的测试过程提供基础。测试计划以文档形式描述软件测试预计达到的目标，确定测试过程所要采用的方法策略。测试计划包括测试目的、测试范围、测试对象、测试策略、测试任务、测试用例、资源配置、测试结果分析和度量以及测试风险评估等，测试计划应当足够完整，但也不应当太详尽。借助软件测试计划参与测试的项目成员，尤其是测试管理人员，要明确测试任务和测试方法，保持测试实施过程的顺畅沟通，跟踪和控制测试进度，应对测试过程中的各种变更。因此一份好的测试计划需要综合考虑各种影响测试的因素。

实际的测试计划内容因不同的测试对象而灵活变化，但通常来说一个正规的测试计划应该包含以下几个项目，也可以看作是通用的测试计划样本以供参考：

（1）测试的基本信息：包括测试目的、背景、测试范围等；

（2）测试的具体目标：列出软件需要进行的测试部分和不需要进行的测试部分；

（3）测试的策略：测试人员采用的测试方法，如回归测试、功能测试、自动测试等；

（4）测试的通过标准：测试是否通过的界定标准以及没有通过情况下的处理方法；

（5）停测标准：给出每个测试阶段停止测试的标准；

（6）测试用例：详细描述测试用例，包括测试值、测试操作过程、测试期待值等；

（7）测试的基本支持：测试所需硬件支持、自动测试软件等；

（8）部门责任分工：明确所有参与软件管理、开发、测试、技术支持等部门的责任细则；

（9）测试人力资源分配：列出测试所需人力资源以及软件测试人员的培训计划；

（10）测试进度安排：制定每一个阶段的详细测试进度安排表；

（11）风险估计和危机处理：估计测试过程中潜在的风险以及面临危机时的解决办法。

一个理想的测试计划应该具备以下几个特点：

- 在检测主要缺陷方面有一个好的选择；
- 提供绝大部分代码的覆盖率；
- 具有灵活性；
- 易于执行、回归和自动化；
- 定义要执行测试的种类；
- 测试文档明确说明期望的测试结果；
- 当缺陷被发现时提供缺陷核对；
- 明确定义测试目标；
- 明确定义测试策略；
- 明确定义测试通过标准；
- 没有测试冗余；
- 确认测试风险；
- 文档化确定测试的需求；
- 定义可交付的测试软件。

软件测试计划是整个软件测试流程工作的基本依据，测试计划中所列条目在实际测试中必须一一执行。在测试的过程中，若发现新的测试用例，就要尽早补充到测试计划中。若预先制定的测试计划项目在实际测试中不适用或无法实现，那么也要尽快对计划进行修改，使计划具有可行性。

5. 软件测试计划的制定

测试的计划与控制是整个测试过程中最重要的阶段，它为实现可管理且高质量的测试过程提供基础。这个阶段需要完成的主要工作内容是：拟定测试计划、论证那些在开发过程中难于管理和控制的因素、明确软件产品的最重要部分（风险评估）。

（1）概要测试计划。

概要测试计划是在软件开发初期制定的，其内容包括：

① 定义被测试对象和测试目标；

② 确定测试阶段和测试周期的划分；

③ 制定测试人员，软、硬件资源和测试进度等方面的计划；

④ 明确任务、分配及责任划分；

⑤ 规定软件测试方法和测试标准。比如，语句覆盖率达到98%，三级以上的错误改正率达98%等；

⑥ 所有决定不改正的错误都必须经专门的质量评审组织同意；

⑦ 支持环境和测试工具等。

（2）详细测试计划。

详细测试计划是测试者或测试小组的具体测试实施计划，它规定了测试者负责测试的内容、测试强度和工作进度，是检查测试实际执行情况的重要标准。

详细测试计划的主要内容有：计划进度和实际进度对照表；测试要点；测试策略；尚未解决的问题和障碍。

（3）制定主要内容。

制定测试计划的主要内容：计划进度和实际进度对照表；测试要点；测试策略；尚未解决的问题和障碍。

（4）制定测试大纲（用例）。

测试大纲是软件测试的依据，保证测试功能不被遗漏，并且功能不被重复测试，使得能合理安排测试人员，软件测试不依赖于个人。

测试大纲包括：测试项目、测试步骤、测试完成的标准以及测试方式（手动测试或自动测试）。无论是自动测试还是手动测试，都必须满足测试大纲的要求。

测试大纲的本质：从测试的角度对被测对象的功能和各种特性的细化和展开。针对系统功能的测试大纲是基于软件质量保证人员对系统需求规格说明书中有关系统功能定义的理解，将其逐一细化展开后编制而成的。

测试大纲的好处：保证测试功能不被遗漏，使得软件功能不被重复测试，合理安排测试人员，使得软件测试不依赖于个人。测试大纲不仅是软件开发后期测试的依据，而且在系统的需求分析阶段也是质量保证的重要文档和依据。

（5）制定测试通过或失败的标准。

测试标准为可观的陈述，它指明了判断/确认测试在何时结束，以及所测试的应用程序的质量。测试标准可以是一系列的陈述或对另一文档（如测试过程指南或测试标准）的引用。

测试标准应该指明：确切的测试目标、度量的尺度如何建立、使用了哪些标准对度量进行评价。

（6）制定测试挂起标准和恢复的必要条件。

指明挂起全部或部分测试项的标准，并指明恢复测试的标准及其必须重复的测试活动。

（7）制定测试任务安排。

明确测试任务，对每项任务都必须明确以下 7 个主题：

- 任务：用简洁的句子对任务加以说明。
- 方法和标准：指明执行该任务时，应该采用的方法以及所应遵守的标准。
- 输入输出：给出该任务所必需的输入和输出。
- 时间安排：给出任务的起始和持续时间。
- 资源：给出任务所需要的人力和物力资源。
- 风险和假设：指明启动该任务应满足的假设，以及任务执行可能存在的风险。
- 角色和职责：指明由谁负责该任务的组织和执行，以及谁将担负怎样的职责。

（8）制定应交付的测试工作产品。

指明应交付的文档、测试代码和测试工具，一般包括以下文档：测试计划、测试方案、测试用例、测试规程、测试日志、测试总结报告、测试输入/输出数据、测试工具。

（9）制定工作量估计。

给出前面定义任务的人力需求和总计。

（10）编写测试方案文档。

测试方案文档是设计测试阶段文档，指明为完成软件或软件集成的特性测试而进行的设计测试方法的细节文档。

二、测试文档

1. 测试文档

（1）测试文档的定义。

测试文档（Testing Documentation）记录和描述了整个测试流程，它是整个测试活动中非常重要的文件。测试过程实施所必备的核心文档是：测试计划、测试用例（大纲）和软件测试报告。

（2）测试文档的重要性。

软件测试是一个很复杂的过程，涉及软件开发其他阶段的工作，对于提高软件质量、保证软件正常运行有着十分重要的意义，因此必须把对测试的要求、过程及测试结果以正式的文档形式写下来。软件测试文档用来描述要执行的测试及测试的结果。可以说，测试文档的编制是软件测试工作规范化的一个重要组成部分。

软件测试文档不只在测试阶段才开始考虑，它应在软件开发的需求分析阶段就开始着手编制，软件开发人员的一些设计方案也应在测试文档中得到反映，以利于设计的检验。测试文档对于测试阶段的工作有着非常明显的指导作用和评价作用。即便在软件投入运行的维护阶段，也常常要进行再测试或回归测试，这时仍会用到软件测试文档。

（3）测试文档的内容。

整个测试流程会产生很多个测试文档，一般可以把测试文档分为两类：测试计划和测试分析报告。

测试计划文档描述将要进行的测试活动的范围、方法、资源和时间进度等。测试计划中罗列了详细的测试要求，包括测试的目的、内容、方法、步骤以及测试的准则等。在软件的需求和设计阶段就要开始制定测试计划，不能在开始测试的时候才制定测试计划。通常，测试计划的编写要从需求分析阶段开始，直到软件设计阶段结束时才完成。

测试报告是执行测试阶段的测试文档，对测试结果进行分析说明。说明软件经过测试以后，结论性的意见如何、软件的能力如何、存在哪些缺陷和限制等，这些意见既是对软件质量的评价，又是决定该软件能否交付用户使用的依据。由于要反映测试工作的情况，自然应该在测试阶段编写。

测试报告包含了相应测试项的执行细节。软件测试报告是软件测试过程中最重要的文档，记录问题发生的环境，如各种资源的配置情况、问题的再现步骤以及问题性质的说明。测试报告更重要的是还记录了问题的处理进程，而问题的处理进程从一定角度上反映了测试的进程和被测软件的质量状况及改善过程。

《计算机软件测试文档编制规范》国家标准给出了更具体的测试文档编制建议，其中包括以下几个内容：

（1）测试计划。描述测试活动的范围、方法、资源和进度，其中规定了被测试的对象、被测试的特性、应完成的测试任务、人员职责及风险等。

（2）测试设计规格说明。详细描述测试方法、测试用例设计以及测试通过的准则等。

（3）测试用例规格说明。测试用例文档描述一个完整的测试用例所需要的必备因素，如输入、预期结果、测试执行条件以及对环境的要求、对测试规程的要求等。

（4）测试步骤规格说明。测试规格文档指明了测试所执行活动的次序，规定了实施测试的具体步骤。它包括测试规程清单和测试规程列表两部分。

（5）测试日志。日志是测试小组对测试过程所作的记录。

（6）测试事件报告。报告说明测试中发生的一些重要事件。

（7）测试总结报告。对测试活动所作的总结和结论。

上述测试文档中，前 4 项属于测试计划类文档，后 3 项属于测试分析报告类文档。

2. 软件生命周期各阶段的测试任务与可交付的文档

通常软件生命周期可分为 6 个阶段：需求阶段、功能设计阶段、详细设计阶段、编码阶段、软件测试阶段以及运行/维护阶段，相邻两个阶段之间可能存在一定程度的重复以保证阶段之间的顺利衔接，但每个阶段的结束是有一定的标志，例如已经提交可交付文档等。

（1）需求阶段。

1）测试输入。

需求计划（来自开发）。

2）测试任务。

- 制定验证和确认测试计划；
- 对需求进行分析和审核；
- 分析并设计基于需求的测试，构造对应的需求覆盖或追踪矩阵。

3）可交付的文档。

- 验收测试计划（针对需求设计）；
- 验收测试报告（针对需求设计）。

（2）功能设计阶段。

1）测试输入。

功能设计规格说明（来自开发）。

2）测试任务。

- 功能设计验证和确认测试计划；
- 分析和审核功能设计规格说明；
- 可用性测试设计；
- 分析并设计基于功能的测试，构造对应的功能覆盖矩阵；
- 实施基于需求和基于功能的测试。

3）可交付的文档。

- 主确认测试计划；
- 验收测试计划（针对功能设计）；
- 验收测试报告（针对功能设计）。

（3）详细设计阶段。

1）测试输入。

详细设计规格说明（来自开发）。

2）测试任务。

- 详细设计验收测试计划；
- 分析和审核详细设计规格说明；
- 分析并设计基于内部的测试。

3）可交付的文档。

- 详细确认测试计划；
- 验收测试计划（针对详细设计）；
- 验收测试报告（针对详细设计）；
- 测试设计规格说明。

（4）编码阶段。

1）测试输入。

代码（来自开发）。

2）测试任务。

- 代码验收测试计划；
- 分析代码；
- 验证代码；
- 设计基于外部的测试；
- 设计基于内部的测试。

3）可交付的文档。

- 测试用例规格说明；
- 需求覆盖或追踪矩阵；
- 功能覆盖矩阵；
- 测试步骤规格说明；
- 验收测试计划（针对代码）；
- 验收测试报告（针对代码）。

（5）软件测试阶段。

1）测试输入。

- 要测试的软件；
- 用户手册。

2）测试任务。

- 制定测试计划；
- 审查由开发部门进行的单元和集成测试；
- 进行功能测试；
- 进行系统测试；
- 审查用户手册。

3）可交付的文档。

- 测试记录；
- 测试事故报告；
- 测试总结报告。

（6）运行/维护阶段。

1）测试输入。

- 已确认的问题报告；
- 软件生命周期。软件生命周期是一个重复的过程。如果软件被修改了，开发和测试活动都要回归到与修改相对应的生命周期阶段。

2）测试任务。

- 监视验收测试；
- 为确认的问题开发新的测试用例；
- 对测试的有效性进行评估。

3）可交付的文档。

可升级的测试用例库。

三、测试用例所包含的文档

1. 测试用例

测试用例（Test Case）是为了高效率地发现软件缺陷而精心设计的少量测试数据。实际测试中，由于无法达到穷举测试，所以要从大量输入数据中精选有代表性或特殊性的数据来作为测试数据。好的测试用例应该能发现尚未发现的软件缺陷。

2. 测试用例文档应

测试用例文档应包含以下内容：

（1）测试用例表。

测试用例表如表 7-1 所示。

表 7-1 测试用例表

用例编号		测试模块	
编制人		编制时间	
开发人员		程序版本	
测试人员		测试负责人	
用例级别			
测试目的			
测试内容			
测试环境			
规则指定			
执行操作			

续表

测试结果	步骤	预期结果	实测结果
	1		
	2		
	……		
备注			

对其中一些项目做如下说明：

1）测试项目：指明并简单描述本测试用例是用来测试哪些项目、子项目或软件特性的。

2）用例编号：对该测试用例分配唯一的标识号。

3）用例级别：指明该用例的重要程度。测试用例的级别分为4级：级别1（基本）、级别2（重要）、级别3（详细）、级别4（生僻）。

4）执行操作：执行本测试用例所需的每一步操作。

5）预期结果：描述被测项目或被测特性所希望或要求达到的输出或指标。

6）实测结果：列出实际测试时的测试输出值，判断该测试用例是否通过。

7）备注：如需要，则填写“特殊环境需求（硬件、软件、环境）”、“特殊测试步骤要求”、“相关测试用例”等信息。

（2）测试用例清单。

测试用例清单如表7-2所示。

表7-2　测试用例清单

项目编号	测试项目	子项目编号	测试子项目	测试用例编号	测试结论	结论
1		1		1		
	……		……		……	
总数		—			—	—

测试总结报告主要包括测试结果统计表、测试问题表和问题统计表、测试进度表、测试总结表等。

（3）测试结果统计表。

测试结果统计表主要是对测试项目进行统计，统计计划测试项和实际测试项的数量，以及测试项通过多少、失败多少等。测试结果统计表如表7-3所示。

表7-3　测试结果统计表

	计划测试项	实际测试项	【Y】项	【P】项	【N】项	【N/A】项	备注
数量							
百分比							

其中，【Y】表示测试结果全部通过，【P】表示测试结果部分通过，【N】表示测试结果绝大多数没通过，【N/A】表示无法测试或测试用例不适合。

另外，根据表6-3，可以按照下列两个公式分别计算测试完成率和覆盖率，作为测试总结报告的重要数据指标。

测试完成率＝实际测试项数量/计划测试项数量×100%

测试覆盖率＝【Y】项的数量/计划测试项数量×100%

（4）测试问题表和问题统计表。

测试问题表如表 7-4 所示。

表 7-4　测试问题表

问题号	
问题描述	
问题级别	
问题分析与策略	
避免措施	
备注	

在表 7-4 中，问题号是测试过程所发现的软件缺陷的唯一标号，问题描述是对问题的简要介绍，问题级别在表 7-5 中有具体分类，问题分析与策略是对问题的影响程度和应对的策略进行描述，避免措施是提出问题的预防措施。

问题统计表如表 7-5 所示。

表 7-5　问题统计表

	严重问题	一般问题	微小问题	其他统计项	问题合计
数量					
百分比					—

从表 7-5 得出，问题级别基本可分为严重问题、一般问题和微小问题。根据测试结果的具体情况，级别的划分可以有所更改。例如，若发现极其严重的软件缺陷，可以在严重问题级别的基础上，加入特殊严重问题级别。

（5）测试进度表。

测试进度表如表 7-6 所示，用来描述关于测试时间、测试进度的问题。根据表 7-6，可以对测试计划中的时间安排和实际的执行时间状况进行比较，从而得到测试的整体进度情况。

表 7-6　问题统计表

测试项目	计划起始时间	计划结束时间	实际起始时间	实际结束时间	进度描述

（6）测试总结表。

测试总结表包括测试工作的人员参与情况和测试环境的搭建模式，并且对软件产品的质量状况做出评价，对测试工作进行总结。测试总结表模板如表 7-7 所示。

表 7-7　测试总结表

项目编号		项目名称	
项目开发经理		项目测试经理	
测试人员			
测试环境（软件、硬件）			
软件总体描述：			
测试工作总结：			

巩固与提高

一、选择题

1．与设计测试用例无关的文档是（　　）。

A．项目开发计划　　B．需求规格说明书

C．设计说明书　　D．源程序

2．用户文档测试中不包括（　　）。

A．用户需求说明　　B．操作指南

C．用户手册　　D．随机帮助

3．测试计划的要点中不包括（　　）。

A．测试项目及其标准　　B．测试背景

C．测试方法　　D．测试资源

二、填空题

1．测试计划规定了测试各个阶段所要使用的__________、__________、__________的准则等内容。

2．测试过程实施所必备的核心文档是：__________、__________和__________。

3．__________是为了高效率地发现软件缺陷而精心设计的少量测试数据。

三、思考题

选择一个小型应用系统，为其做出系统测试的计划书和设计测试用例，并写出测试总结报告。

第八章　软件自动化测试

工作目标

知识目标

- 了解软件自动化测试。
- 掌握软件自动化测试方法。
- 了解软件自动化测试工具。

技能目标

- 了解软件自动化常用测试工具。
- 熟悉软件自动化测试方法。
- 熟悉 Quality Center。

素养目标

- 培养学生的理解和自学能力。

工作任务

通常，软件测试的工作量很大（据统计，测试会占用到40%的开发时间；一些可靠性要求非常高的软件，测试时间甚至占到开发时间的60%）。而测试中的许多操作是重复性的、非智力性的和非创造性的，并要求做准确细致的工作，计算机就最适合于代替人工去完成这样的任务。

软件自动化测试是相对手工测试而存在的，主要是通过所开发的软件测试工具、脚本等来实现，具有良好的可操作性、可重复性和高效率等特点。

使用 Quality Center 管理测试流程。

工作计划与实施

任务分析之问题清单

- 软件自动化测试。
- 适合软件自动化测试的情况。
- 软件自动化测试的工具。
- Quality Center 介绍。

任务解析及实施

一、软件自动化测试

自动化测试的定义：使用一种自动化测试工具来验证各种软件测试的需求，它包括测试活动的管理与实施。

通过对工具的使用，增加或减少了手工或人为参与或干预非技巧性、重复或冗长的工作。

自动化测试就是希望能够通过自动化测试工具或其他手段，按照测试工程师的预定计划进行自动的测试，目的是减轻手工测试的劳动量，从而达到提高软件质量的目的。自动化测试的目的在于发现老缺陷。而手工测试的目的在于发现新缺陷。

简而言之，所谓的自动化测试就是将现有的手动测试流程自动化。而且要实施自动化测试的公司或组织本身必须要有一套正规（formalized）的手动测试流程。而这个正规的手动测试流程至少要包含以下条件：

- 详细的测试个案（test cases）：从商业功能规格或设计文件而来的测试个案及预期结果（expected result）。
- 独立的测试环境（test environment）：包含可回复测试资料的测试环境，以便每次在应用软件变动后，都可以重复执行测试个案。

假如目前的测试流程并未包含上述条件，即使导入了自动化测试，也不会得到多大的好处。

所以，假如测试方法（testing methodology）只是将应用软件移转到一群由使用者或专家级使用者（subject matter experts）组成的测试团队，然后任由他们去敲击键盘执行测试工作。那么建议先把自动化测试放一边，把建立一个有效的测试流程当成目前首要的工作。因为要自动化一项不存在的流程是完全没有意义的。

自动化测试最实际的应用与目的是自动化回归测试（regression testing）。也就是说，必须要有用来储存详细测试个案的数据库，而且这些测试个案是可以重复执行于每次应用软件被变更后，以确保应用软件的变更没有产生任何因为不小心所造成的影响。

自动化测试脚本（script）同时也是一段程序。为了要更有效地开发自动化测试脚本，必须和一般软件开发的过程一样，建立制度和标准。要更有效地运用自动化测试工具，至少要有一位受过良好训练的技术人员和一位程序设计员（programmer）。

二、适合软件自动化测试的情况

自动化测试不是适合所有公司、所有项目，以下情况适合自动化测试：

- 产品型项目。

每个产品型的项目只改进少量的功能，但每个项目必须反反复复地测试那些没有改动过的功能。这部分测试完全可以让自动化测试来承担，同时可以把新加入的功能的测试也慢慢地加入到自动化测试当中。

- 增量开发、持续集成的项目。

由于这种开发模式是频繁地发布新版本进行测试，也就需要频繁地自动化测试，以便把人从中解脱出来以测试新的功能。

- 回归测试。

回归测试是自动化测试的强项，它能够很好地验证你是否引入了新的缺陷，老的缺陷是否修改过来了。在某种程度上，可以把自动化测试工具叫做回归测试工具。

- 多次重复、机械性操作。

自动化测试最适用于多次重复、机械性操作，这样的测试对它来说从不会失败。比如要向系统输入大量的相似数据来测试。

- 需要频繁运行测试。

在一个项目中需要频繁地运行测试，测试周期按天算就能最大限度地利用测试脚本，提高工作效率。

- 性能、压力测试。

实现多人同时对系统进行操作时是否正常处理和响应，以及系统可承受的最大访问量的测试。

三、软件自动化测试的工具

测试工具可以从两个不同的方面去分类：①根据测试方法，自动化测试工具可以分为：白盒测试工具和黑盒测试工具；②根据测试的对象和目的，自动化测试工具可以分为：单元测试工具、功能测试工具、负载测试工具、性能测试工具、Web 测试工具、数据库测试工具、回归测试工具、嵌入式测试工具、页面链接测试工具、测试设计与开发工具、测试执行和评估工具、测试管理工具等。

1. 白盒测试工具

白盒测试工具一般用于针对被测源程序进行的测试，测试所发现的故障可以定位到代码级。根据测试工具工作原理的不同，白盒测试的自动化工具可分为静态测试工具和动态测试工具。

静态测试工具：在不执行程序的情况下，分析软件的特性。静态分析主要集中在需求文档、设计文档以及程序结构方面。按照完成的职能不同，静态测试工具包括以下几种类型：

（1）代码审查。

（2）一致性检查。

（3）错误检查。

（4）接口分析。

（5）输入/输出规格说明分析检查。

（6）数据流分析。

（7）类型分析。

（8）单元分析。

（9）复杂度分析。

动态测试工具：直接执行被测程序以提供测试活动。它需要实际运行被测系统并设置断点，向代码生成的可执行文件中插入一些监测代码，掌握断点这一时刻程序运行数据（对象属性、变量的值等），具有功能确认、接口测试、覆盖率分析、性能分析等性能。

动态测试工具可以分为以下几种类型：

（1）功能确认与接口测试。

（2）覆盖测试。

（3）性能测试。

（4）内存分析。

常用的动态工具有：Compuware 公司的 DevPartner 和 IBM 公司的 Rational。

2. 黑盒测试工具

黑盒测试工具是在明确软件产品应具有的功能的条件下，完全不考虑被测程序的内部结构和内部特性，通过测试来检验软件功能是否按照软件需求规格的说明正常工作。

按照完成的职能不同，黑盒测试工具可以分为：

功能测试工具：用于检测程序能否达到预期的功能要求并正常运行。

性能测试工具：用于确定软件和系统的性能。

常用的黑盒测试工具有：Compuware 公司的 QACenter 和 IBM 公司的 Rational TeamTest。

3. 测试设计与开发工具

测试设计是说明被测软件特征或特征组合的方法，并确定选择相关测试用例的过程。测试开发是将测试设计转换成具体的测试用例的过程。

测试设计和开发需要的工具类型有以下几种：

- 测试数据生成器。
- 基于需求的测试设计工具。
- 捕获/回放。
- 覆盖分析。

4. 测试执行和评估工具

测试执行和评估是执行测试用例并对测试结果进行评估的过程，包括选择用于执行的测试用例、设置测试环境、运行所选择的测试用例、记录测试执行过程、分析潜在的故障，并检查测试工作的有效性。评估类工具对执行测试用例和评估测试结果过程起到辅助作用。测试执行和评估工具有以下几种：

- 捕获/回放。
- 覆盖分析。
- 存储器测试。

5. 测试管理工具

测试管理工具用于对测试过程进行管理，帮助完成制定测试计划，跟踪测试运行结果。通常，测试管理工具对测试计划、测试用例、测试实施进行管理，还包括缺陷跟踪管理等。

常用的测试管理工具有：IBM 公司的 Rational Test Manager。

测试管理工具包括以下内容：

- 测试用例管理。
- 缺陷跟踪管理（问题跟踪管理）。
- 配置管理。

6. 常用测试工具

目前，软件测试方面的工具很多，主要有 Mercury Interactive（MI）、Rational、Compuware、Segue 和 Empirix 等公司的产品，而 MI 公司和 Rational 公司的产品占了主流。

Mercury（美科利，http://www.mercury.com，现被惠普收购）质量中心：提供一个全面的、基于 Web 的集成系统，可在广泛的应用环境下自动执行软件质量管理和测试。其主要产品如下：

- WinRunner：是一种企业级的用于检验应用程序是否如期运行的功能性测试工具。通过自动捕获、检测和重复用户交互的操作，WinRunner 能够辨认缺陷，并且确保那些跨越多个应用程序和数据库的业务流程在初次发布就能避免出现故障，并保持长期可靠运行。
- LoadRunner：是一种预测系统行为和性能的负载测试工具。通过以模拟上千万用户实施并发负载及实时性能监测的方式来确认和查找问题，LoadRunner 能够对整个企业架构进行测试。通过使用 LoadRunner，企业能最大限度地缩短测试时间、优化性能、加速应用系统的发布周期。
- TestDirector：是基于 Web 的测试管理解决方案，它可以在公司内部进行全球范围的测试协调。TestDirector 能够在一个独立的应用系统中提供需求管理功能，并且可以把测试需求管理与测试计划、测试日程控制、测试执行和错误跟踪等功能融合为一体，因此极大地加速了测试的进程。TestDirector 提供完整且无限制的测试管理框架，实现对应用测试全部阶段的管理与控制。
- QuickTest Professional：是一个功能测试自动化工具，主要应用在回归测试中。QuickTest 针对的是 GUI 应用程序，包括传统的 Windows 应用程序，以及现在越来越流行的 Web 应用。它可以覆盖绝大多数的软件开发技术，简单高效，并具备测试用例可重用的特点。其中包括：创建测试、插入检查点、检验数据、增强测试、运行测试、分析结果和维护测试等方面。

Rational（http://www-900.ibm.com/cn/software/rational/）公司产品如下：

- Rational Functional Tester：对 Java、Web 和基于 VS.NET WinForm 的应用程序进行高级自动化功能测试。
- Rational Functional Tester Extension for Terminal-based Applications：扩展了 Rational Functional Tester，以支持基于终端的应用程序的测试。
- Rational Manual Tester：使用新测试设计技术来改进人工测试设计和执行工作。
- Rational Performance Tester：检查可变多用户负载下，可接受的应用程序响应时间和可伸缩性。
- Rational Purify for Linux and UNIX：为 Linux 和 UNIX 提供了内存泄漏和内存损坏检测。
- Rational Purify for Windows：为 Windows 提供了内存泄漏和内存损坏检测。
- Rational PurifyPlus 企业版：为 Windows、Linux 和 UNIX 提供了运行时分析。
- Rational PurifyPlus for Linux and UNIX：为基于 Linux 和 UNIX 的 Java 和 C/C++开发提供了分析工具集。
- Rational PurifyPlus for Windows：为基于 Windows 的 Java、C/C++、Visual Basic 和托管.NET 开发提供了运行时分析。
- Rational Robot：客户机/服务器应用程序的通用测试自动化工具。可以对使用各种集成开发环境（IDE）和语言建立的软件应用程序，创建、修改并执行自动化的功能测试、分布式功能测试、回归测试和集成测试。

- Rational Test Manager：提供开放、可扩展的测试管理。
- Rational Test RealTime：支持嵌入式和实时的跨平台软件的组件测试和运行时分析。

Compuware（http://www.compuware.com）公司的 QACenter 家族集成了一些强大的自动工具，这些工具符合大型机应用的测试要求，使开发组获得一致而可靠的应用性能。QACenter 帮助所有的测试人员创建一个快速、可重用的测试过程。这些测试工具自动帮助管理测试过程、快速分析和调试程序（包括针对回归，强度、单元、并发、集成、移植、容量和负载建立测试用例）、自动执行测试和产生文档结果。QACenter 主要包括以下几个模块：

- QARun：应用的功能测试工具。
- QALoad：强负载下应用的性能测试工具。
- QADirector：测试的组织设计和创建以及管理工具。
- TrackRecord：集成的缺陷跟踪管理工具。
- EcoTools：高层次的性能监测工具。

7. 其他公司测试工具

Segue 公司的 SilkTest（http://www.segue.com）：是业界领先的、用于对企业级应用进行功能测试的产品，可用于测试 Web、Java 或是传统的 C/S 结构。SilkTest 提供了许多功能，使用户能够高效率地进行软件自动化测试。这些功能包括：测试的计划和管理；直接的数据库访问及校验；灵活、强大的 4Test 脚本语言，内置的恢复系统（Recovery System）；以及具有使用同一套脚本进行跨平台、跨浏览器的技术进行测试的能力。

AdventNet 公司的 QEngine（http://www.adventnet.com）：是一个应用广泛且独立于平台的自动化软件测试工具，可用于 Web 功能测试、Web 性能测试、Java 应用功能测试、Java API 测试、SOAP 测试、回归测试和 Java 应用性能测试。支持对于使用 HTML、JSP、ASP、.NET、PHP、JavaScript/VBScript、XML、SOAP、WSDL、e-commerce、传统客户端/服务器等开发的应用程序进行测试。此工具用 Java 开发，因此便于移植和提供多平台支持

RadView 公司的 TestView 系列 Web 性能测试工具和 WebLoad Analyzer 性能分析工具，旨在测试 Web 应用和 Web 服务的功能、性能、程序漏洞、兼容性、稳定性和抗攻击性，并且能够在测试的同时分析问题原因和定位故障点。整套 Web 性能测试和分析工具包含两个相对独立的子系统：Web 性能测试子系统和 Web 性能分析子系统。其中 Web 性能测试子系统包含 3 个模块：TestView Manager、WebFT 及 WebLoad。Web 性能分析子系统只有 WebLoad Analyzer 模块。

美国 IXIA 公司的应用层性能测试软件 IxChariot 是一个独特的测试工具，也是在应用层性能测试领域得到业界认可的测试系统。对于企业网而言，IxChariot 可应用于设备选型、网络建设及验收、日常维护 3 个阶段，提供设备网络性能评估、故障定位和 SLA 基准等服务。

IxChariot 由两部分组成：控制端（Console）和远端（Endpoint），两者都可安装在普通 PC 或者服务器上，控制端安装在 Windows 操作系统上，远端支持各种主流的操作系统。控制端为该产品的核心部分，控制界面（也可采用命令行方式）、测试设计界面、脚本选择及编制、结果显示、报告生成以及 API 接口提供等都由控制端提供。远端根据实际测试的需要，安装在分布的网络中，负责从控制端接收指令，完成测试并将测试数据上报到控制端。

8. 一些开源测试工具

（1）功能测试工具。

- Linux Test Project（http://ltp.sourceforge.net/）：是一个测试 Linux 内核和内核相关特性的工具集合。该工具的目的是通过把测试自动化引入到 Linux 内核测试，提高 Linux 的内核质量。
  使用环境：Linux。
- MaxQ（http://maxq.tigris.org/）：是一个免费的功能测试工具。它有一个 HTTP 代理工具，可以录制测试脚本，并提供回放测试过程的命令行工具。测试结果的统计图表类似于商用测试工具，比如 Astra QuickTest 和 Empirix e-Test，这些商用工具都很昂贵。MaxQ 希望能够提供一些关键的功能，比如 HTTP 测试录制回放功能，并支持脚本。
  使用环境：Java 1.2 以上版本。
- WebInject（http://www.webinject.org/）：是一个针对 Web 应用程序和服务的免费测试工具。它可以通过 HTTP 接口测试任意一个单独的系统组件。可以作为测试框架管理功能自动化测试和回归自动化测试的测试套。
  使用环境：Windows、OS Independent、Linux。

（2）单元测试工具。

JUNIT（CppUnit）：是一个开源的 Java 测试框架，它是 XUint 测试体系架构的一种实现。在设计 JUnit 单元测试框架时，设定了三个总体目标：①简化测试的编写，这种简化包括测试框架的学习和实际测试单元的编写；②使测试单元保持持久性；③可以利用既有的测试来编写相关的测试。

使用环境：Windows、OS Independent、Linux。

（3）性能测试工具。

- Apache JMeter （http://jakarta.apache.org/jmeter/）：是 100%的 Java 桌面应用程序，它被设计用来加载被测试软件功能特性、度量被测试软件的性能。设计 JMeter 的初衷是测试 Web 应用，后来又扩充了其他的功能。JMeter 可以完成针对静态资源和动态资源（例如 Servlet、Perl 脚本、Java 对象、数据查询、FTP 服务等）的性能测试。JMeter 可以模拟大量的服务器负载、网络负载、软件对象负载，通过不同的加载类型全面测试软件的性能。JMeter 提供图形化的性能分析。
  使用环境：Solaris、Linux、Windows（98、NT、2000）、JDK1.4 以上版本。
- DBMonster（http://dbmonster.kernelpanic.pl/）：是一个生成随机数据、用来测试 SQL 数据库的压力的测试工具。
  使用环境：OS Independent。
- OpenSTA（Open System Testing Architecture）（http://portal.opensta.org/index.php）：基于 CORBA 的分布式软件测试构架。使用 OpenSTA，测试人员可以模拟大量的虚拟用户。OpenSTA 的结果分析包括虚拟用户响应时间、Web 服务器的资源使用情况、数据库服务器的使用情况，可以精确地度量负载测试的结果。
  使用环境：OS Independent。
- TPTest（http://tptest.sourceforge.net/about.php）：工具描述：TPTest 提供测试 Internet 连接速度的简单方法。

使用环境：Mac OS/Carbon、Win32。

- Web Application Load Simulator（http://www.openware.org/loadsim/index.html）：LoadSim 是一个网络应用程序的负载模拟器。
  使用环境：JDK 1.3 以上版本。

（4）缺陷管理工具。

- Mantis（http://mantisbt.sourceforge.net/）：是一款基于 Web 的软件缺陷管理工具，配置和使用都很简单，适合中小型软件开发团队。
  使用环境：MySQL 和 PHP。
- Bugzilla（http://www.mozilla.org/projects/bugzilla/）：是一款软件缺陷管理工具。
  使用环境：TBC。

（5）测试管理工具。

- TestLink（http://testlink.sourceforge.net/docs/testLink.php）：基于 Web 的测试管理和执行系统。测试小组在系统中可以创建、管理、执行、跟踪测试用例，并且提供在测试计划中安排测试用例的方法。
  使用环境：Apache、MySQL、PHP。
- Bugzilla Test Runner（http://sourceforge.net/projects/testrunner/）：基于 Bugzilla 缺陷管理系统的测试用例管理系统。
  使用环境：Bugzilla 2.16.3 及其以上版本（Bugzilla 是一个可以发布 Bug 以及跟踪报告 Bug 进展情况的开源软件）。

四、Quality Center 介绍

Quality Center 的前身就是大名鼎鼎的 TD，是一个基于 Web 的测试管理工具，可以组织和管理应用程序测试流程的所有阶段，包括指定测试需求、计划测试、执行测试和跟踪缺陷。

测试需求是整个测试过程的基础，描述了需要测试的内容。通过创建“需求树”，可以在 Quality Center 中定义需求。在测试需求视图中，可以对需求进行定义、查看、修改和转换等操作。其中，需求转换操作可以将需求树中选定的需求或者所有需求转换成测试计划树中的测试或主题。

需求定义后，依据测试需求创建“测试计划树”。在定义测试之前，首先要确定系统环境和测试资源等测试相关工作。然后将被测系统的功能分解成可测试的功能，即测试的单元或者主题。有了基本测试信息后，可以对每个测试主题定义测试步骤，即对如何执行测试的详细分步说明，步骤的定义不仅包括执行的操作，也包括期望的结果。为保证测试计划中的测试符合测试需求，需要对测试计划树中的测试和需求树中的需求建立连接。测试和需求之间是多对多关系，即一个测试可以覆盖多个需求，反之，一个需求也可以被多个测试覆盖。

在测试计划视图中，设计测试后，通过在执行测试视图（测试实验室）中创建“测试集树”来组织测试流程。将测试计划树中的测试添加到测试集中，可以通过手工或者自动的方式执行测试。手工执行测试应遵循测试步骤，比较预期结果和实际输出，并记录结果。自动运行测试，Quality Center 会自动打开选定的测试工具（如 QTP、WinRunner 等），在本地计算机或者远程主机上运行测试，并将结果导出到 Quality Center。

发现系统的缺陷、使系统完善是测试的目的之一。因此，Quality Center 提供了对缺陷管

理的支持。在缺陷管理视图中，可以进行添加新缺陷、匹配缺陷、更新缺陷、缺陷关联等操作，并跟踪缺陷，直到缺陷被修复。

为了便于评估需求、测试计划、测试执行和缺陷跟踪的进展情况，可以通过 Quality Center 在测试管理的过程中生成报告和图，如需求报告、缺陷报告、缺陷图等，为测试流程分析奠定基础。

Quality Center 是一个强大的测试管理工具，合理地使用 Quality Center 可以提高测试的工作效率，节省时间，起到事半功倍的效果。

巩固与提高

一、选择题

1．软件自动化测试面临困境的原因有（　　）。

A．自动化测试时间不足，对于绝望的反应

B．缺乏清晰的目标，测试时不愿思考软件。

C．只关注技术，而且缺乏经验

D．自动化测试变化太频繁

2．下列（　　）情况需要考虑引入自动化测试。

A．需要重复执行很多次的测试　　B．只执行一次的测试

C．不重要的测试　　D．很快有回报的测试

3．正规的手动测试流程至少要包含（　　）条件。

A．规范的测试环境　　B．详细的测试用例

C．自动化脚本架构　　D．执行结果

二、填空题

1．__________一般是针对被测源程序进行的测试，测试所发现的故障可以定位到代码级。根据测试工具工作原理的不同，白盒测试的自动化工具可分为__________和__________。

2．Bugzilla：是一款__________软件。

3．自动化测试的定义：使用一种自动化测试工具来验证各种_________，它包括_________。

三、思考题

项目周期短的项目使用自动测试好还是使用手动测试好？请说明原因。

第九章　面向对象的软件测试

工作目标

知识目标

- 掌握面向对象的软件测试基本概念。
- 掌握面向对象软件测试内容。
- 熟悉面向对象软件测试方法。
- 掌握面向对象测试工具 JUnit。

技能目标

- 熟悉面向对象软件测试方法。
- 掌握面向对象测试工具 JUnit。

素养目标

- 培养学生的理解和自学能力。

工作任务

面向对象方法（Object Oriented Method）是一种把面向对象的思想应用于软件开发过程中，指导开发活动的系统方法，是建立在“对象”概念基础上的方法学。面向对象方法作为一种新型的独具优越性的新方法，正在逐渐代替被广泛使用的面向过程开发方法，被看成是解决软件危机的新兴技术。面向对象技术产生更好的系统结构、更规范的编程风格，极大地优化了数据使用的安全性，提高了程序代码的重用，一些人就此认为面向对象技术开发出的程序无须进行测试。

工作计划及实施

任务分析之问题清单

- 面向对象的软件测试基本概念。
- 面向对象软件测试内容。
- 面向对象软件测试方法。
- 面向对象测试工具 JUnit。

任务解析及实施

一、面向对象的软件测试基本概念

面向对象程序的结构不再是传统的功能模块结构，作为一个整体，原有集成测试所要求的逐步将开发的模块搭建在一起进行测试的方法已成为不可能。而且，面向对象软件抛弃了传统的开发模式，对每个开发阶段都有不同以往的要求和结果，已经不可能用功能细化的观点来检测面向对象分析和设计的结果。因此，传统的测试模型对面向对象软件已经不再适用。针对面向对象软件的开发特点，应该有一种新的测试模型。

传统测试模式与面向对象的测试模式最主要的区别在于，面向对象的测试更关注对象而不是完成输入/输出的单一功能，这样测试可以在分析与设计阶段就先行介入，使得测试更好地配合软件生产过程并为之服务。与传统测试模式相比，面向对象测试的优点在于：更早地定义出测试用例；早期介入可以降低成本；尽早地编写系统测试用例，以便于开发人员与测试人员对系统需求的理解保持一致；面向对象的测试模式更注重于软件的实质。具体有如下不同：

（1）测试的对象不同：传统软件测试的对象是面向过程的软件，一般用结构化方法构建；面向对象测试的对象是面向对象软件，采用面向对象的概念和原则，用面向对象的方法构建。

（2）测试的基本单位不同：传统软件测试的基本单位是模块；面向对象测试的基本单位是类和对象。

（3）测试的方法和策略不同：传统软件测试采用白盒测试、黑盒测试、路径覆盖等方法；面向对象测试不仅吸纳了传统测试方法，还采用各种类测试等方法，而且集成测试和系统测试的方法和策略也很不相同。

现代的软件开发工程是将整个软件开发过程明确地划分为几个阶段，将复杂问题具体按阶段加以解决。这样，在软件的整个开发过程中，可以对每一阶段提出若干明确的监控点，作为各阶段目标实现的检验标准，从而提高开发过程的可见度和保证开发过程的正确性。实践证明，软件的质量不仅体现在程序的正确性上，它与编码以前所做的需求分析、软件设计也密切相关。这时，对错误的纠正往往不能通过可能会诱发更多错误的简单的修修补补，而必须追溯到软件开发的最初阶段。因此，为了保证软件的质量，应该着眼于整个软件生存期，特别是编码以前的各开发阶段的工作。于是，软件测试的概念和实施范围必须扩充，应该包括在开发各阶段的复查、评估和检测。由此，广义的软件测试实际是由确认、验证、测试三个方面组成。

确认：是评估将要开发的软件产品是否是正确无误、可行和有价值的。比如，将要开发的软件是否会满足用户提出的要求，是否能在将来的实际使用环境中正确稳定地运行，是否存在隐患等。这里包含了对用户需求满足程度的评价。确认意味着确保一个待开发软件是正确无误的，是对软件开发构想的检测。

验证：检测软件开发的每个阶段、每个步骤的结果是否正确无误，是否与软件开发各阶段的要求或期望的结果相一致。验证意味着确保软件会正确无误地实现软件的需求，开发过程沿着正确的方向在进行。

测试：与狭隘的测试概念统一。通常是经过单元测试、集成测试、系统测试三个环节。

在整个软件生存期，确认、验证、测试分别有其侧重的阶段。确认主要体现在计划阶段、需求分析阶段，也会出现在测试阶段；验证主要体现在设计阶段和编码阶段；测试主要体现在编码阶段和测试阶段。事实上，确认、验证、测试是相辅相成的。确认无疑会产生验证和测试的标准，而验证和测试通常又会帮助完成一些确认，特别是在系统测试阶段。

和传统测试模型类似，面向对象软件的测试遵循在软件开发各过程中不间断测试的思想，使开发阶段的测试与编码完成后的一系列测试融为一体。在开发的每一阶段进行不同级别、不同类型的测试，从而形成一条完整的测试链。根据面向对象的开发模型，结合传统的测试步骤的划分，形成了一种整个软件开发过程中不断进行测试的测试模型，使开发阶段的测试与编码完成后的单元测试、集成测试、系统测试成为一个整体。面向对象的开发模型突破了传统的瀑布模型，将开发分为面向对象分析（OOA）、面向对象设计（OOD）和面向对象编程（OOP）三个阶段。分析阶段产生整个问题空间的抽象描述，在此基础上，进一步归纳出适用于面向对象编程语言的类和类结构，最后形成代码。由于面向对象的特点，采用这种开发模型能有效地将分析设计的文本或图表代码化，不断适应用户需求的变动。针对这种开发模型，结合传统的测试步骤的划分，建议使用一种整个软件开发过程中不断测试的测试模型，使开发阶段的测试与编码完成后的单元测试、集成测试、系统测试成为一个整体。测试模型如图 9-1 所示。

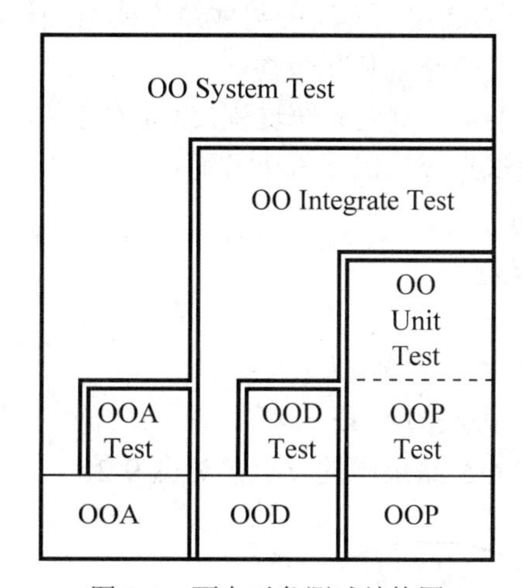

图 9-1　面向对象测试结构图

OOA Test 和 OOD Test 是对分析结果和设计结果的测试，主要是对分析设计产生的文本进行测试，是软件开发前期的关键性测试。OOP Test 主要针对编程风格和程序代码实现进行测试，其主要的测试内容在面向对象单元测试和面向对象集成测试中体现。面向对象单元测试是对程序内部具体单一的功能模块的测试，如果程序是用 C++语言实现的，则主要就是对类成员函数的测试。面向对象单元测试是进行面向对象集成测试的基础。面向对象集成测试主要对系统内部的相互服务进行测试，如成员函数间的相互作用、类间的消息传递等。面向对象集成测试不但要基于面向对象单元测试，更要参见 OOD 或 OOD Test 结果（详见后文）。面向对象系统测试是基于面向对象集成测试的最后阶段的测试，主要以用户需求为测试标准，需要借鉴 OOA 或 OOA Test 结果。

尽管上述各阶段的测试构成一个相互作用的整体，但其测试的主体、方向和方法各有不同，且为叙述方便，接下来将从 OOA、OOD、OOP、单元测试、集成测试、系统测试六个方面分别介绍对面向对象软件的测试。

二、面向对象软件测试内容及方法

1. 面向对象分析的测试（OOA Test）

传统的面向过程分析是一个功能分解的过程，是把一个系统看成可以分解的功能的集合。这种传统的功能分解分析法的着眼点在于一个系统需要什么样的信息处理方法和过程，以过程的抽象来对待系统的需要。而面向对象分析（OOA）是“把 E-R 图和语义网络模型，即信息造型中的概念，与面向对象程序设计语言中的重要概念结合在一起而形成的分析方法”，最后通常是得到问题空间的图表的形式描述。

OOA 直接映射问题空间，全面地将问题空间中实现功能的现实抽象化。将问题空间中的实例抽象为对象（不同于 C++中的对象概念），用对象的结构反映问题空间的复杂实例和复杂关系，用属性和服务表示实例的特性和行为。对一个系统而言，与传统分析方法产生的结果相反，行为是相对稳定的，结构是相对不稳定的，这更充分反映了现实的特性。OOA 的结果是为后面阶段类的选定和实现、类层次结构的组织和实现提供平台。因此，OOA 对问题空间分析抽象的不完整最终会影响软件的功能实现，导致软件开发后期大量可避免的修补工作；而一些冗余的对象或结构会影响类的选定、程序的整体结构或增加程序员不必要的工作量。因此，本文对 OOA 的测试重点在于其完整性和冗余性。

尽管 OOA 的测试是一个不可分割的系统过程，为叙述方便，鉴于 Coad 方法所提出的 OOA 实现步骤，对 OOA 阶段的测试划分为以下五个方面：

- 对认定的对象的测试。
- 对认定的结构的测试。
- 对认定的主题的测试。
- 对定义的属性和实例关联的测试。
- 对定义的服务和消息关联的测试。

对象、结构、主题等在 OOA 结果中的位置参见图 9-2。

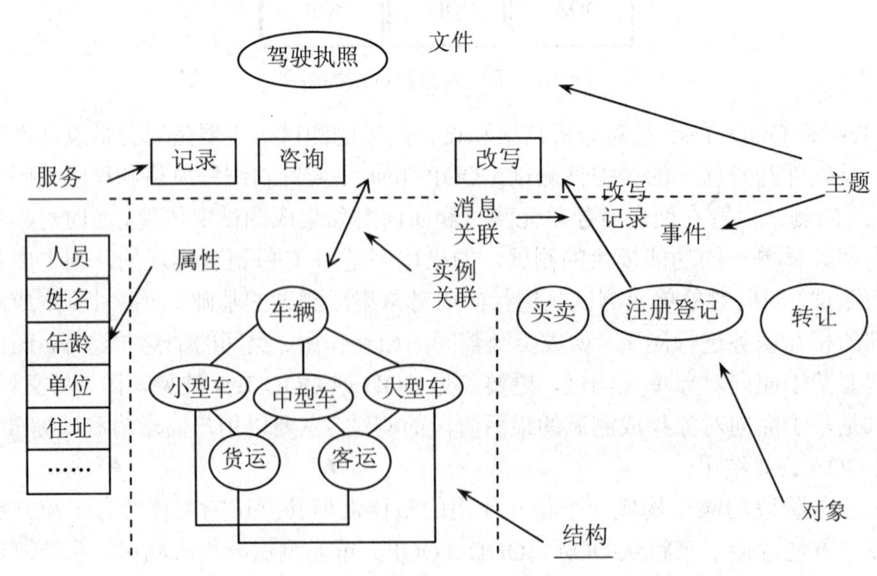

图 9-2　车辆管理系统部分 OOA 分析结果示意图

（1）对认定的对象的测试。

OOA 中认定的对象是对问题空间中的结构、其他系统、设备、被记忆的事件、系统涉及的人员等实际实例的抽象。对它的测试可以从如下方面考虑：

- 认定的对象是否全面，问题空间中是否所有涉及到的实例都反映在认定的抽象对象中。
- 认定的对象是否具有多个属性。只有一个属性的对象通常应看成其他对象的属性，而不是抽象为独立的对象。
- 对认定为同一对象的实例是否有共同的、区别于其他实例的共同属性。
- 对认定为同一对象的实例是否提供或需要相同的服务，如果服务随着不同的实例变化，认定的对象就需要分解或利用继承性来分类表示。
- 如果系统没有必要始终保持对象代表的实例的信息，提供或者得到关于它的服务，那么认定的对象也无必要。
- 认定的对象的名称应该尽量准确、适用。

（2）对认定的结构的测试。

在 Coad 方法中，认定的结构指的是多种对象的组织方式，用来反映问题空间中的复杂实例和复杂关系。认定的结构分为两种：分类结构和组装结构。分类结构体现了问题空间中实例的一般与特殊的关系，组装结构体现了问题空间中实例整体与局部的关系。

对认定的分类结构的测试从如下方面入手：

- 对于结构中的一种对象，尤其是处于高层的对象，是否在问题空间中含有不同于下一层对象的特殊可能性，即是否能派生出下一层对象。
- 对于结构中的一种对象，尤其是处于同一低层的对象，是否能抽象出在现实中有意义的更一般的上层对象。
- 对所有认定的对象，是否能在问题空间内向上层抽象出在现实中有意义的对象。
- 高层的对象的特性是否完全体现下层的共性。
- 低层的对象是否有高层特性基础上的特殊性。

对认定的组装结构的测试从如下方面入手：

- 整体（对象）和部件（对象）的组装关系是否符合现实的关系。
- 整体（对象）的部件（对象）是否在考虑的问题空间中有实际应用。
- 整体（对象）中是否遗漏了反映在问题空间中有用的部件（对象）。
- 部件（对象）是否能够在问题空间中组装新的有现实意义的整体（对象）。

（3）对认定的主题的测试。

主题是在对象和结构的基础上更高一层的抽象，是为了提供 OOA 分析结果的可见性，如同文章对各部分内容的概要。对主题层的测试应该考虑以下方面：

- 贯彻 George Miller 的“7+2”原则，如果主题个数超过 7 个，就要求对有较密切属性和服务的主题进行归并。
- 主题所反映的一组对象和结构是否具有相同和相近的属性和服务。
- 认定的主题是否是对象和结构更高层的抽象，是否便于理解 OOA 结果的概貌（尤其是对非技术人员的 OOA 结果读者）。
- 主题间的消息联系（抽象）是否代表了主题所反映的对象和结构之间的所有关联。

（4）对定义的属性和实例关联的测试。

属性是用来描述对象或结构所反映的实例的特性。而实例关联是反映实例集合间的映射关系。对属性和实例关联的测试从如下方面考虑：

- 定义的属性是否对相应的对象和分类结构的每个现实实例都适用。
- 定义的属性在现实世界是否与这种实例关系密切。
- 定义的属性在问题空间是否与这种实例关系密切。
- 定义的属性是否能够不依赖于其他属性而被独立理解。
- 定义的属性在分类结构中的位置是否恰当，低层对象的共有属性是否在上层对象属性体现。
- 在问题空间中，每个对象的属性是否定义完整。
- 定义的实例关联是否符合现实。
- 在问题空间中，实例关联是否定义完整，特别需要注意一对多和多对多的实例关联。

（5）对定义的服务和消息关联的测试。

定义的服务就是定义的每一种对象和结构在问题空间所要求的行为。由于问题空间中实例间要有必要的通信，在 OOA 中相应需要定义消息关联。对定义的服务和消息关联的测试从如下方面进行：

- 对象和结构在问题空间的不同状态是否定义了相应的服务。
- 对象或结构所需要的服务是否都定义了相应的消息关联。
- 定义的消息关联所指引的服务提供是否正确。
- 沿着消息关联执行的线程是否合理，是否符合现实过程。
- 定义的服务是否重复，是否定义了能够得到的服务。

2. 面向对象设计的测试（OOD Test）

通常的结构化的设计方法用的是面向作业的设计方法，它把系统分解以后，提出一组作业，这些作业是以过程实现系统的基础构造，把问题域的分析转化为求解域的设计，分析的结果是设计阶段的输入。

而面向对象设计（OOD）采用“造型的观点”，以 OOA 为基础归纳出类，并建立类结构或进一步构造成类库，实现分析结果对问题空间的抽象。OOD 归纳的类可以是对象简单的延续，可以是不同对象的相同或相似的服务。由此可见，OOD 不是在 OOA 上另一思维方式的大动干戈，而是 OOA 的进一步细化和更高层的抽象。所以，OOD 与 OOA 的界限通常是难以严格区分的。OOD 确定类和类结构不仅是满足当前需求分析的要求，更重要的是通过重新组合或加以适当的补充，能方便实现功能的重用和扩增，以不断适应用户的要求。因此，对 OOD 的测试，建议针对功能的实现和重用以及对 OOA 结果的拓展，从如下三方面考虑：

- 对认定的类的测试。
- 对构造的类层次结构的测试。
- 对类库的支持的测试。

（1）对认定的类的测试。

OOD 认定的类可以是 OOA 中认定的对象，也可以是对象所需要的服务的抽象、对象所具有的属性的抽象。认定的类原则上应该尽量基础性，这样才便于维护和重用。根据属性与实例的关联以及服务与消息的关联，测试认定的类：

- 是否涵盖了 OOA 中所有认定的对象。
- 是否能体现了 OOA 中定义的属性。
- 是否能实现了 OOA 中定义的服务。
- 是否对应着一个含义明确的数据抽象。
- 是否尽可能少地依赖其他类。
- 类中的方法（C++：类的成员函数）是否单用途。

（2）对构造的类层次结构的测试。

为能充分发挥面向对象的继承共享特性、OOD 的类层次结构，通常基于 OOA 中产生的分类结构的原则来组织，着重体现父类和子类间的一般性和特殊性。在当前的问题空间，对类层次结构的主要要求是，能在求解空间构造实现全部功能的结构框架。为此，测试如下方面：

- 类层次结构是否涵盖了所有定义的类。
- 是否能体现 OOA 中所定义的实例关联。
- 是否能实现 OOA 中所定义的消息关联。
- 子类是否具有父类没有的新特性。
- 子类间的共同特性是否完全在父类中得以体现。

（3）对类库支持的测试。

对类库的支持虽然也属于类层次结构的组织问题，但其强调的重点是再次软件开发的重用。由于它并不直接影响当前软件的开发和功能实现，因此，将其单独提出来测试，也可作为对高质量类层次结构的评估。拟订测试点如下：

- 一组子类中关于某种含义相同或基本相同的操作是否有相同的接口（包括名字和参数表）。
- 类中方法（C++：类的成员函数）功能是否较单纯，相应的代码行是否较少（建议不超过 30 行）。
- 类的层次结构是否深度大、宽度小。

三、面向对象编程的测试（OOP Test）

典型的面向对象程序具有继承、封装和多态的新特性，这使得传统的测试策略必须有所改变。封装是对数据的隐藏，外界只能通过被提供的操作来访问或修改数据，这样降低了数据被任意修改和读写的可能性，降低了传统程序中对数据非法操作的测试。继承是面向对象程序的重要特点，继承使得代码的重用率提高，同时也使错误传播的概率提高。继承使得传统测试遇到这样一个难题：对继承的代码究竟应该怎样测试？（参见面向对象单元测试）。多态使得面向对象程序对外呈现出强大的处理能力，但同时却使得程序内“同一”函数的行为复杂化，测试时不得不考虑不同类型具体执行的代码和产生的行为。

面向对象程序是把功能的实现分布在类中。能正确实现功能的类，通过消息传递来协同实现设计要求的功能。正是这种面向对象程序风格，将出现的错误能精确地确定在某一具体的类。因此，在面向对象编程（OOP）阶段，忽略类功能实现的细则，将测试的目光集中在类功能的实现和相应的面向对象程序风格，主要体现为以下两个方面（假设编程使用 C++语言）：

1. 数据成员是否满足数据封装的要求

数据封装是数据和数据有关的操作的集合。检查数据成员是否满足数据封装的要求，基本原则是数据成员是否被外界（数据成员所属的类或子类以外的调用）直接调用。更直观地说，当改变数据成员的结构时，是否影响了类的对外接口，是否会导致相应外界必须改动。值得注意的是，有时强制的类型转换会破坏数据的封装特性。例如：

```
class Hiden
{private:
int a=1;
char *p= "hiden";}
class Visible
{public:
int b=2;
char *s= "visible";}
…..
…..
Hiden pp;
Visible *qq=(Visible *)&pp;
```

在上面的程序段中，pp 的数据成员可以通过 qq 被随意访问。

2. 类是否实现了要求的功能

类所实现的功能都是通过类的成员函数执行。在测试类的功能实现时，应该首先保证类成员函数的正确性。单独地看待类的成员函数，与面向过程程序中的函数或过程没有本质的区别，几乎所有传统的单元测试中所使用的方法，都可在面向对象的单元测试中使用。具体的测试方法在面向对象的单元测试中介绍。类函数成员的正确行为只是类能够实现要求的功能的基础，类成员函数间的作用和类之间的服务调用是单元测试无法确定的。因此，需要进行面向对象的集成测试。具体的测试方法在面向对象的集成测试中介绍。需要着重声明，测试类的功能不能仅满足于代码能无错运行或被测试类能提供的功能无错，应该以所做的OOD结果为依据，检测类提供的功能是否满足设计的要求，是否有缺陷。必要时（如通过 OOD 后仍有不清楚明确的地方）还应该参照 OOA 的结果，以之为最终标准。

四、面向对象的单元测试（OO Unit Test）

传统的单元测试是针对程序的函数、过程或完成某一定功能的程序块。沿用单元测试的概念，实际测试类成员函数。一些传统的测试方法在面向对象的单元测试中都可以使用。如等价类划分法、因果图法、边值分析法、逻辑覆盖法、路径分析法、程序插装法等，方法的具体实现参见本书第五章。一般建议单元测试由程序员完成。

用于单元级测试进行的测试分析（提出相应的测试要求）和测试用例（选择适当的输入，达到测试要求），规模和难度等均远小于后面将介绍的对整个系统的测试分析和测试用例，而且强调对语句应该有 100%的执行代码覆盖率。在设计测试用例选择输入数据时，可以基于以下两个假设：

（1）如果函数（程序）对某一类输入中的一个数据正确执行，对同类中的其他输入也能正确执行。该假设的思想为等价类划分。

（2）如果函数（程序）对某一复杂度的输入正确执行，对更高复杂度的输入也能正确执行。例如需要选择字符串作为输入时，基于本假设，就无须计较于字符串的长度。除非字符串的长度是要求固定的，如IP地址字符串。

在面向对象程序中，类成员函数通常都很小，功能单一，函数的调用频繁，容易出现一些不易发现的错误。例如：

if (-1==write (fid, buffer, amount))error_out();

该语句没有全面检查write()的返回值，无意中断然假设了只有数据被完全写入和没有写入两种情况。当测试也忽略了数据部分写入的情况时，就给程序遗留了隐患。

按程序的设计，使用函数strrchr()查找最后的匹配字符，但程序中误写成了函数strchr()，使程序功能实现时查找的是第一个匹配字符。

程序中将if (strncmp(str1,str2,strlen(str1)))误写成了if (strncmp(str1,str2,strlen(str2)))。如果测试用例中使用的数据str1和str2长度一样，就无法检测出。

因此，在做测试分析和设计测试用例时，应该注意面向对象程序的这个特点，仔细地进行测试分析和设计测试用例，尤其是针对以函数返回值作为条件判断选择、字符串操作等情况。

面向对象编程的特性使得对成员函数的测试又不完全等同于传统的函数或过程测试。尤其是继承特性和多态特性，使子类继承或过载的父类成员函数出现了传统测试中未遇见的问题。Brian Marick 给出了以下两方面的考虑：

（1）继承的成员函数是否都不需要测试？

对父类中已经测试过的成员函数，两种情况需要在子类中重新测试：

1）继承的成员函数在子类中做了改动；

2）成员函数调用了改动过的成员函数的部分。

例如：

假设父类Bass有两个成员函数：Inherited()和Redefined()，子类Derived只对Redefined()做了改动。Derived::Redefined()显然需要重新测试。

对于Derived::Inherited()，如果它有调用Redefined()的语句（如：x=x/Redefined()），就需要重新测试；反之，无此必要。

（2）对父类的测试是否能照搬到子类？

援用上面的假设，Base::Redefined()和Derived::Redefined()已经是不同的成员函数，它们有不同的服务说明和执行。对此，照理应该对Derived::Redefined()重新测试分析，设计测试用例。但由于面向对象的继承使得两个函数相似，故只需在Base::Redefined()的测试要求和测试用例上添加对Derived::Redfined()新的测试要求和增补相应的测试用例。例如：

```
Base::Redefined()含有如下语句
If (value<0)message ("less");
else if (value==0)message ("equal");
else message ("more");
Derived::Redfined()中定义为
If (value<0)message ("less");
else if (value==0)message ("It is equal");
else
{message ("more");
if (value==88)message("luck");}
```

在原有的测试上，对 Derived::Redfined()的测试只需做如下改动：将 value==0 的测试结果期望改动；增加 value==88 的测试。

多态有几种不同的形式，如参数多态、包含多态、过载多态。包含多态和过载多态在面向对象语言中通常体现在子类与父类的继承关系，对这两种多态的测试参见上述对父类成员函数继承和过载的论述。包含多态虽然使成员函数的参数可以有多种类型，但通常只是增加了测试的繁杂性。对具有包含多态的成员函数测试时，只需要在原有的测试分析基础上扩大测试用例中输入数据的类型的考虑。

五、面向对象的集成测试（OO Integrate Test）

传统的集成测试是由底向上通过集成完成的功能模块进行测试，一般可以在部分程序编译完成的情况下进行。而对于面向对象程序，相互调用的功能是散布在程序的不同类中，类通过消息相互作用申请和提供服务。类的行为与它的状态密切相关，状态不仅仅体现在类数据成员的值，也许还包括其他类中的状态信息。由此可见，类相互依赖极其紧密，根本无法在编译不完全的程序上对类进行测试。所以，面向对象的集成测试通常需要在整个程序编译完成后进行。此外，面向对象程序具有动态特性，程序的控制流往往无法确定，因此也只能对整个编译后的程序做基于黑盒子的集成测试。

面向对象的集成测试能够检测出相对独立的单元测试无法检测出的那些类相互作用时才会产生的错误。基于单元测试对成员函数行为正确性的保证，集成测试只关注于系统的结构和内部的相互作用。面向对象的集成测试可以分成两步进行：先进行静态测试，再进行动态测试。

静态测试主要针对程序的结构进行，检测程序结构是否符合设计要求。现在流行的一些测试软件都能提供一种称为“可逆性工程”的功能，即通过源程序得到类关系图和函数功能调用关系图，例如 International Software Automation 公司的 Panorama-2 for Windows95、Rational 公司的 Rose C++ Analyzer 等，将“可逆性工程”得到的结果与 OOD 的结果相比较，检测程序结构和实现上是否有缺陷。换句话说，通过这种方法检测 OOP 是否达到了设计要求。

动态测试设计测试用例时，通常需要上述的功能调用结构图、类关系图或者实体关系图为参考，确定不需要被重复测试的部分，从而优化测试用例，减少测试工作量，使得进行的测试能够达到一定覆盖标准。测试所要达到的覆盖标准可以是：达到类所有的服务要求或服务提供的一定覆盖率；依据类间传递的消息，达到对所有执行线程的一定覆盖率；达到类的所有状态的一定覆盖率等。同时也可以考虑使用现有的一些测试工具来得到程序代码执行的覆盖率。

具体设计测试用例可参考下列步骤：

（1）先选定检测的类，参考 OOD 分析结果，分析出类的状态和相应的行为、类或成员函数间传递的消息、输入或输出的界定等。

（2）确定覆盖标准。

（3）利用结构关系图确定待测类的所有关联。

（4）根据程序中类的对象构造测试用例，确认使用什么输入激发类的状态、使用类的服务和期望产生什么行为等。

值得注意的是，设计测试用例时，不但要设计确认类功能满足的输入，还应该有意识地设计一些被禁止的例子，确认类是否有不合法的行为产生，如发送与类状态不相适应的消息、要求不相适应的服务等。根据具体情况，动态的集成测试有时也可以通过系统测试完成。

六、面向对象的系统测试（OO System Test）

通过单元测试和集成测试，仅能保证软件开发的功能得以实现。但不能确认在实际运行时，它是否满足用户的需要，是否大量存在实际使用条件下会被诱发产生错误的隐患。为此，对完成开发的软件必须经过规范的系统测试。换个角度说，开发完成的软件仅仅是实际投入使用系统的一个组成部分，需要测试它与系统其他部分配套运行的表现，以保证在系统各部分协调工作的环境下也能正常工作。在后面对 ZXM10 收发台系统测试的叙述中可以看到，其他的系统设备（如监控台、图像台，E1 接入设备、摄像头等）如何配合收发台的系统测试。

系统测试应该尽量搭建与用户实际使用环境相同的测试平台，应该保证被测系统的完整性，对临时没有的系统设备部件，也应有相应的模拟手段。系统测试时，应该参考 OOA 分析的结果，对应描述的对象、属性和各种服务，检测软件是否能够完全“再现”问题空间。系统测试不仅是检测软件的整体行为表现，从另一个侧面看，也是对软件开发设计的再确认。

这里说的系统测试是对测试步骤的抽象描述。它体现的具体测试内容包括：

- 功能测试：测试是否满足开发要求，是否能够提供设计所描述的功能，是否用户的需求都得到满足。功能测试是系统测试最常用和必须的测试，通常还会以正式的软件说明书为测试标准。
- 强度测试：测试系统的能力最高实际限度，即软件在一些超负荷的情况下的功能实现情况。如要求软件某一行为的大量重复、输入大量的数据或大数值数据、对数据库大量复杂的查询等。
- 性能测试：测试软件的运行性能。这种测试常常与强度测试结合进行，需要事先对被测软件提出性能指标，如传输连接的最长时限、传输的错误率、计算的精度、记录的精度、响应的时限和恢复时限等。
- 安全测试：验证安装在系统内的保护机构确实能够对系统进行保护，使之不受各种干扰。安全测试时，需要设计一些测试用例试图突破系统的安全保密措施，检验系统是否有安全保密的漏洞。
- 恢复测试：采用人工的干扰使软件出错，中断使用，检测系统的恢复能力，特别是通信系统。恢复测试时，应该参考性能测试的相关测试指标。
- 可用性测试：测试用户是否能够满意使用。具体体现为操作是否方便、用户界面是否友好等。
- 安装/卸载测试（Install/Uninstall Test）等。

系统测试需要对被测的软件结合需求分析做仔细的测试分析，建立测试用例。

七、面向对象测试工具 JUnit

JUnit 是一个开源的 Java 单元测试框架。在 1997 年，由 Erich Gamma 和 Kent Beck 开发完成。Erich Gamma 是 GOF 之一；Kent Beck 则在 XP 中有重要的贡献。点击 http://www.junit.org 可以下载到最新版本的 JUnit。

这样，在系统中就可以使用 JUnit 编写单元测试代码了。

“麻雀虽小，五脏俱全。”JUnit 设计得非常小巧，但是功能却非常强大。

下面是 JUnit 一些特性的总结：

（1）提供的 API 可以让你写出测试结果明确的可重用单元测试用例；

（2）提供了三种方式来显示测试结果，而且还可以扩展；

（3）提供了单元测试用例成批运行的功能；

（4）超轻量级而且使用简单，没有商业性的欺骗和无用的向导；

（5）整个框架设计良好，易扩展。

对不同性质的被测对象，如 Class、JSP、Servlet、Ejb 等，JUnit 有不同的使用技巧。下面以类测试为例加以介绍。

JUnit 的安装与配置如下：

- 将下载的 JUnit 压缩包解压到一个物理目录中（例如 E:\JUnit3.8.1）。
- 记录 JUnit.jar 文件所在目录名（例如 E:\JUnit3.8.1\JUnit.jar）。
- 进入操作系统（以 Windows 2000 操作系统为例），按照次序单击“开始”→“设置”→“控制面板”命令。在控制面板选项中选择“系统”选项，单击“环境变量”，在“系统变量”的“变量”列表框中选择“CLASS-PATH”关键字（不区分大小写），如果该关键字不存在，则添加。双击“CLASS-PATH”关键字，添加字符串“E:\JUnit3.8.1\JUnit.jar”（注意，如果已有其他字符串，请在该字符串的字符结尾加上分号“;”），然后单击“确定”按钮，JUnit 就可以在集成环境中应用了。

我们以一个简单的例子入手。这是一个只会做两数加减的超级简单的计算器的 Java 类程序代码：

```
public class SampleCalculator
{
 public int add(int augend , int addend)
 {
 return augend + addend;
 }
 public int subtration(int minuend , int subtrahend)
 {
 return minuend - subtrahend;
 }
}
```

将上面的代码编译通过。下面就是为上面程序写的一个单元测试用例（请注意这个程序里面类名和方法名的特征）：

```
import junit.framework.TestCase;
 public class TestSample extends TestCase
 {
  public void testAdd()
  {
 SampleCalculator calculator = new SampleCalculator();
  int result = calculator.add(50 , 20);
```

```
        assertEquals(70 , result);
        }
        public void testSubtration();
        {
        SampleCalculator calculator = new SampleCalculator();
        int result = calculator.subtration(50 , 20);
        assertEquals(30 , result);
        }
    }
```

然后在 DOS 命令行里面输入 Javac TestSample.java，将测试类编译通过。再输入 Java junit.swingui.TestRunner TestSample，运行测试类，将会看到测试结果，如果是绿色的，说明单元测试通过，没有错误产生；如果是红色的，则说明测试失败了。这样一个简单的单元测试就完成了。

按照框架规定：编写的所有测试类必须继承自 junit.framework.TestCase 类；里面的测试方法的命名应该以 Test 开头，必须是 public void 且不能有参数；而且为了测试查错方便，尽量一个 TestXXX 方法对一个功能单一的方法进行测试；使用 assertEquals 等 junit.framework.TestCase 中的断言方法来判断测试结果正确与否。经过简单的类测试学习，就可以编写标准的类测试用例了。

巩固与提高

一、选择题

1．软件测试分类，按用例设计方法的角度分为（　　）。

A．单元测试和集成测试　　B．静态测试和动态测试

C．黑盒测试和白盒测试　　D．系统测试和验收测试

2．面向对象开发的特点是遵循（　　）原则。

A．抽象原则　　B．封装原则

C．继承原则　　D．特殊原则

3．在面向对象编程（OOP）阶段，忽略类功能实现的细则，将测试的目光集中在类功能的实现和相应的面向对象程序风格，主要体现为（　　）方面（假设编程使用 C++语言）。

A．数据成员是否满足数据封装的要求

B．类是否实现了要求的功能

C．封装是否满足了成员要求

D．功能是否实现

二、填空题

1．面向对象的软件测试模型分为：__________、__________、__________、面向对象的单元测试、面向对象的集成测试、面向对象的系统测试。

2．传统软件测试的对象是面向过程的软件，一般用结构化方法构建；面向对象测试的对象是__________软件，采用__________的概念和原则，用__________方法构建。

3．__________是“把 E-R 图和语义网络模型，即信息造型中的概念，与面向对象程序设计语言中的重要概念结合在一起而形成的分析方法”，最后通常是得到问题空间的图表的形式描述。

三、思考题

面向对象测试与传统测试有哪些区别与联系？

第十章　Web 网站测试

工作目标

知识目标

- 了解 Web 网站测试的概念。
- 掌握 Web 网站测试的测试技术。

技能目标

- 了解功能测试的概念。
- 了解性能测试的概念。
- 了解安全性测试的概念。
- 了解可用性/可靠性测试的概念。
- 了解配置和兼容性测试的概念。
- 了解数据库测试的概念。

素养目标

- 培养学生的理解和自学能力。

工作任务

随着互联网的快速发展和广泛应用，Web 网站已经应用到政府机构、企业公司、财经证券、教育娱乐等各个方面，对我们的工作和生活产生了深远的影响。正因为 Web 能够提供各种信息的连接和发布，并且内容易于被终端用户存取，所以其非常流行、无所不在。现在，许多传统的信息和数据库系统正在被移植到互联网上，复杂的分布式应用也正在 Web 环境中出现。

基于 Web 网站的测试是一项重要、复杂并且富有难度的工作。Web 测试相对于非 Web 测试来说是更具挑战性的工作，用户对 Web 页面质量有很高的期望。基于 Web 的系统测试与传统的软件测试不同，它不但需要检查和验证是否按照设计所要求的项目正常运行，而且还要测试系统在不同用户的浏览器端的显示是否合适。另外，还要从最终用户的角度进行安全性和可用性测试。然而，因特网和 Web 网站的不可预见性使测试基于 Web 的系统变得困难。因此，我们需要研究基于 Web 网站的测试方法和技术。

工作计划及实施

任务分析之问题清单

- 功能测试的概念及内容。
- 性能测试的种类。
- 安全性测试。
- 可用性/可靠性测试。
- 配置和兼容性测试。
- 数据库测试。
- Web 测试的测试用例应考虑的因素

任务解析及实施

一、功能测试的概念及内容

功能测试是测试中的重点，在实际的测试工作中，功能在每一个系统中具有不确定性，而我们不可能采用穷举的方法进行测试。测试工作的重心在于 Web 站点的功能是否符合需求分析的各项要求。

功能测试主要包括以下几个方面：

- 页面内容测试；
- 链接测试；
- 表单测试；
- Cookies 测试；
- 设计语言测试。

1．页面内容测试

内容测试用来检测 Web 应用系统提供信息的正确性、准确性和相关性。

（1）正确性。

信息的正确性是指信息是真实可靠的还是胡乱编造的。例如，一条虚假的新闻报道可能引起不良的社会影响，甚至会让公司陷入麻烦之中，也可能惹上法律方面的问题。

（2）准确性。

信息的准确性是指网页文字表述是否符合语法逻辑或者是否有拼写错误。在 Web 应用系统开发的过程中，开发人员可能不是特别注重文字表达，有时文字的改动只是为了页面布局的美观。可怕的是，这种现象恰恰会产生严重的误解。因此测试人员需要检查页面内容的文字表达是否恰当。这种测试通常使用一些文字处理软件来进行，例如使用 Microsoft Word 的“拼音与语法检查”功能。但仅仅利用软件进行自动测试是不够的，还需要人工测试文本内容。

另外，测试人员应该保证 Web 站点看起来更专业些。过分地使用粗斜体、大号字体和下划线可能会让人感到不舒服，一篇到处是大字体的文章会降低用户的阅读兴趣。

2. 链接测试

链接是使用用户可以从一个页面浏览到另一个页面的主要手段，是 Web 应用系统的一个主要特征，它是在页面之间切换和指导用户去一些不知道地址的页面的主要手段。链接测试需要验证三个方面的问题：

（1）用户点击链接是否可以顺利地打开所要浏览的内容，即链接是否按照指示的那样确实链接到了要链接的页面。

（2）所要链接的页面是否存在。实际上，好多不规范的小型站点，其内部链接都是空的，这让浏览者感觉很不好。

（3）保证 Web 应用系统上没有孤立的页面，所谓孤立页面是指没有链接指向该页面，只有知道正确的 URL 地址才能访问。

3. 表单测试

当用户给 Web 应用系统管理员提交信息时，就需要使用表单操作，例如用户注册、登录、信息提交等。表单测试主要是模拟表单提交过程，检测其准确性，确保每一个字段在工作中正确。

表单测试主要考虑以下几个方面内容：

- 表单提交应当模拟用户提交，验证是否完成功能，如注册信息。
- 要测试提交操作的完整性，以校验提交给服务器的信息的正确性。
- 使用表单收集配送信息时，应确保程序能够正确处理这些数据。
- 要验证数据的正确性和异常情况的处理能力等，注意是否符合易用性要求。
- 在测试表单时，会涉及到数据校验问题。

4. Cookies 测试

Cookies 通常用来存储用户信息和用户在某个应用系统的操作，当一个用户使用 Cookies 访问了某一个应用系统时，Web 服务器将发送关于用户的信息，把该信息以 Cookies 的形式存储在客户端计算机上，可用来创建动态和自定义页面或者存储登录等信息。关于 Cookies 的使用可以参考浏览器的帮助信息。如果使用 B/S 结构，Cookies 中存放的信息更多。

如果 Web 应用系统使用了 Cookies，测试人员需要对它们进行检测。测试的内容可包括 Cookies 是否起作用、是否按预定的时间进行保存、刷新对 Cookies 有什么影响等。如果在 Cookies 中保存了注册信息，请确认该 Cookies 能够正常工作，而且已对这些信息进行加密。如果使用 Cookies 来统计次数，需要验证次数累计正确。

5. 设计语言测试

Web 设计语言版本的差异可以引起客户端或服务器端的一些严重问题，例如使用哪种版本的 HTML 等。当在分布式环境中开发时，开发人员都不在一起，这个问题就显得尤为重要。除了 HTML 的版本问题外，不同的脚本语言（例如 Java、JavaScript、ActiveX、VBScript 或 Perl 等）也要进行验证。

二、性能测试的种类

1. 负载测试

负载测试是为了测量 Web 系统在某一负载级别上的性能，以保证 Web 系统在需求范围内能正常工作。负载级别可以是某个时刻同时访问 Web 系统的用户数量，也可以是在线数据处理的数量。

负载测试包括的问题有：Web 应用系统能允许多少个用户同时在线；如果超过了这个数量，会出现什么现象；Web 应用系统能否处理大量用户对同一个页面的请求。负载测试的作用是在软件产品投向市场以前，通过执行可重复的负载测试，预先分析软件可以承受的并发用户的数量极限和性能极限，以便更好地优化软件。

负载测试应该安排在 Web 系统发布以后，在实际的网络环境中进行测试。因为一个企业内部员工，特别是项目组人员总是有限的，而一个 Web 系统能同时处理的请求数量将远远超出这个限度，所以，只有放在 Internet 上接受负载测试，其结果才是正确可信的。

Web 负载测试一般使用自动化工具来进行。

2. 压力测试

系统检测不仅要使用户能够正常访问站点，在很多情况下，可能会有黑客试图通过发送大量数据包来攻击服务器。出于安全的原因，测试人员应该知道当系统过载时，需要采取哪些措施，而不是简单地提升系统性能。这就需要进行压力测试。

进行压力测试是指实际破坏一个 Web 应用系统，测试系统的反映。压力测试是测试系统的限制和故障恢复能力，也就是测试 Web 应用系统会不会崩溃、在什么情况下会崩溃。黑客常常提供错误的数据负载，通过发送大量数据包来攻击服务器，直到 Web 应用系统崩溃，然后当系统重新启动时获得存取权。无论是利用预先写好的工具，还是创建一个完全专用的压力系统，压力测试都是用于查找 Web 服务（或其他任何程序）问题的本质方法。

压力测试的区域包括表单、登录和其他信息传输页面等。

3. 连接速度测试

连接速度测试是对打开网页的响应速度测试。用户连接到 Web 应用系统的速度根据上网方式的变化而变化，他们或许是电话拨号，或是宽带上网。当下载一个程序时，用户可以等较长的时间，但如果仅仅访问一个页面就不会这样。如果 Web 系统响应时间太长（例如超过 10 秒钟），用户就会因没有耐心等待而离开。

另外，有些页面有超时的限制，如果响应速度太慢，用户可能还没来得及浏览内容，就需要重新登录了。而且，连接速度太慢还可能引起数据丢失，使用户得不到真实的页面。

三、安全性测试

随着 Internet 的广泛使用，网上交费、电子银行等深入到了人们的生活中。所以网络安全问题就日益重要，特别对于有交互信息的网站及进行电子商务活动的网站尤其重要。站点涉及银行信用卡支付问题、用户资料信息保密问题等。Web 页面随时会传输这些重要信息，所以一定要确保安全性。一旦用户信息被黑客捕获泄露，客户在进行交易时就不会有安全感，甚至后果严重。

四、可用性/可靠性测试

1. 导航测试

导航描述了用户在一个页面内操作的方式，一般在不同的用户接口控制之间，例如按钮、对话框、列表和窗口等，或在不同的连接页面之间。

主要测试目的是检测一个 Web 应用系统是否易于导航，具体内容包括：

- 导航是否直观；
- Web 系统的主要部分是否可通过主页存取；

- Web 系统是否需要站点地图、搜索引擎或其他的导航帮助；

2. Web 图形测试

在 Web 应用系统中，适当的图片和动画既能起到广告宣传的作用，又能起到美化页面的作用。一个 Web 应用系统的图形可以包括图片、动画、边框、颜色、字体、背景、按钮等。图形测试的内容有：

（1）要确保图形有明确的用途，图片或动画不要胡乱地堆在一起，以免浪费传输时间。Web 应用系统的图片尺寸要尽量地小，并且要能清楚地说明某件事情，一般都链接到某个具体的页面。

（2）验证所有页面字体的风格是否一致。

（3）背景颜色应该与字体颜色和前景颜色相搭配。通常来说，使用少许或尽量不使用背景是个不错的选择。如果想用背景，那么最好使用单色的，和导航条一起放在页面的左边。另外，图案和图片可能会转移用户的注意力。

（4）图片的大小和质量也是一个很重要的因素，一般采用 JPG 或 GIF 压缩，最好能使图片的大小减小到 30k 以下。

（5）验证文字回绕是否正确。如果说明文字指向右边的图片，应该确保该图片出现在右边。不要因为使用图片而使窗口和段落排列古怪或者出现孤行。

（6）图片能否正常加载，用来检测网页的输入性能好坏。如果网页中有太多图片或动画插件，就会导致传输和显示的数据量巨大、减慢网页的输入速度，有时会影响图片的加载。

3. 图形用户界面测试

（1）整体界面测试。

（2）界面测试要素。

界面测试要素主要包括：符合标准和规范、灵活性、正确性、直观性、舒适性、实用性、一致性。

（2）界面测试内容。

主要测试目的是检测一个 Web 应用系统是否易于导航，具体内容包括：

- 站点地图和导航条；
- 使用说明；
- 背景/颜色；
- 图片；
- 表格。

五、配置和兼容性测试

1. 平台测试

市场上有很多不同的操作系统类型，最常见的有 Windows、UNIX、Linux 等。Web 应用系统的最终用户究竟使用哪一种操作系统，取决于用户系统的配置。这样，就可能会发生兼容性问题，同一个应用可能在某些操作系统下能正常运行，但在另外的操作系统下可能会运行失败。因此，在 Web 系统发布之前，需要在各种操作系统下对 Web 系统进行兼容性测试。

2. 浏览器测试

浏览器是 Web 客户端核心的构件，需要测试站点能否使用 Netscape、Internet Explorer 或

Lynx进行浏览。来自不同厂商的浏览器对Java、JavaScript、ActiveX或不同的HTML规格有不同的支持。并且有些 HTML 命令或脚本只能在某些特定的浏览器上运行。

例如，ActiveX是Microsoft的产品，是为Internet Explorer设计的，JavaScript是Netscape的产品，Java 是 Sun 的产品等。另外，框架和层次结构风格在不同的浏览器中也有不同的显示，甚至根本不显示。不同的浏览器对安全性和Java的设置也不一样。

测试浏览器兼容性的一个方法是创建一个兼容性矩阵。在这个矩阵中，测试不同厂商、不同版本的浏览器对某些构件和设置的适应性。

3. 打印机测试

用户可能会将网页打印下来。因此网页在设计的时候要考虑到打印问题，注意节约纸张和油墨。有不少用户喜欢阅读而不是盯着屏幕，因此需要验证网页打印是否正常。有时在屏幕上显示的图片和文本的对齐方式可能与打印出来的东西不一样。测试人员至少需要验证订单确认页面打印是正常的。

4. 组合测试

最后需要进行组合测试。600×800的分辨率在Mac机上可能不错，但是在IBM兼容机上却很难看。在IBM机器上使用Netscape能正常显示，但却无法使用Lynx来浏览。

5. 兼容性测试

兼容性测试是指待测试项目在特定的硬件平台上，不同的应用软件之间，不同的操作系统平台上，在不同的网络等环境中能正常运行的测试。兼容性测试主要是针对不同的操作系统平台、浏览器及分辨率进行测试。

六、数据库测试

1. 数据库测试的主要因素

数据库测试的主要因素有：数据完整性、数据有效性、数据操作和更新。

2. 数据库测试的相关问题

除了上面的数据库测试因素，测试人员需要了解的相关问题有：

- 数据库的设计概念；
- 数据库的风险评估；
- 了解设计中的安全控制机制；
- 了解哪些特定用户对数据库有访问权限；
- 了解数据的维护更新和升级过程；
- 当多个用户同时访问数据库处理同一个问题或者并发查询时，确保可操作性；
- 确保数据库操作能够有足够的空间处理全部数据，当超出空间和内存容量时，能够启动系统扩展部分。

七、Web测试的测试用例考虑的因素

1. 页面检查

（1）合理布局。

- 界面布局有序、简洁，符合用户使用习惯；
- 界面元素是否在水平或者垂直方向对齐；

- 界面元素的尺寸是否合理；
- 行列间距是否保持一致；
- 是否恰当地利用窗体、控件的空白以及分割线条；
- 窗口切换、移动、改变大小时，界面显示是否正常；
- 刷新后界面是否正常显示；
- 不同分辨率页面布局显示是否合理、整齐，分辨率一般为 1024×768、1280×1024 和 800×600。

（2）弹出窗口。

- 弹出的窗口应垂直居中对齐；
- 当弹出窗口界面内容较多，须提供自动全屏功能；
- 弹出窗口时应禁用主界面，保证用户使用的焦点；
- 活动窗体是否能够被反显加亮。

（3）页面的正确性。

- 界面元素是否有错别字，是否措词含糊、逻辑混乱；
- 当用户选中了页面中的一个复选框之后回退一个页面，再前进一个页面，复选框是否还处于选中状态；
- 导航显示正确；
- title 显示正确；
- 页面显示无乱码；
- 需要必填的控件，有必填提醒，如“*”；
- 适时禁用功能按钮（如权限控制或无权限操作时，按钮灰掉或不显示；无法输入的输入框 disable 掉）；
- 页面无 JS 错；
- 鼠标无规则点击时是否会产生无法预料的结果；
- 鼠标有多个形状时，是否能够被窗体识别（如漏斗状时窗体不接受输入）。

2. 控件检查

（1）下拉选择框。

- 查询时默认显示全部；
- 选择时默认显示“请选择”；
- 禁用时样式置灰。

（2）复选框。

- 多个复选框可以被同时选中；
- 多个复选框可以被部分选中；
- 多个复选框可以都不被选中；
- 逐一执行每个复选框的功能。

（3）单选框。

- 一组单选按钮不能同时选中，只能选中一个；
- 一组执行同一功能的单选按钮在初始状态时必须有一个被默认选中，不能同时为空。

（4）下拉树。

- 应支持多选与单选；
- 禁用时样式置灰。

（5）树形。

- 各层级用不同图标表示，最下层结点无加减号；
- 提供全部收起、全部展开功能；
- 如有需要，提供搜索与右键功能和提示信息功能；
- 展开时，内容刷新正常。

3. 日历控件

- 同时支持选择年月日、年月日时分秒规则；
- 打开日历控件时，默认显示当前日期。

4. 滚动条控件

- 滚动条的长度根据显示信息的长度或宽度及时变换，这样有利于用户了解显示信息的位置和百分比，如 Word 中浏览 100 页文档，浏览到 50 页时，滚动条位置应处于中间；
- 拖动滚动条，检查屏幕刷新情况，并查看是否有乱码；
- 单击滚动条时，页面信息是否正确显示；
- 用滚轮控制滚动条时，页面信息是否正确显示；
- 用滚动条的上下按钮时，页面信息是否正确显示。

5. 按钮

- 单击按钮，检查是否正确响应操作。如单击“确定”按钮，正确执行操作；单击“取消”按钮，退出窗口；
- 对非法的输入或操作给出足够的提示说明；
- 对可能造成数据无法恢复的操作必须给出确认信息，给用户放弃选择的机会（如删除等危险操作）。

6. 文本框

- 输入正常的字母和数字；
- 输入已存在的文件的名称；
- 输入超长字符；
- 输入默认值、空白、空格；
- 若只允许输入字母，尝试输入数字；反之，尝试输入字母；
- 利用复制、粘贴等操作，强制输入程序不允许的输入数据；
- 输入特殊字符集，例如 NUL 及\n 等；
- 输入不符合格式的数据，检查程序是否正常校验，如程序要求输入年月日格式为 yy/mm/dd，实际输入 yyyy/mm/dd，程序应该给出错误提示。

7. 上传功能的检查

- 上传下载文件检查：上传下载文件的功能是否实现，上传下载的文件是否有格式、大小要求，是否屏蔽 exe.bat；

- 回车键检查：在输入结束后，直接按“回车”键，看系统处理如何，是否会报错。这个地方很有可能会出现错误；
- 刷新键检查：在Web系统中，按浏览器的“刷新”键，看系统处理如何，是否会报错；
- 回退键检查：在Web系统中，按浏览器的“回退”键，看系统处理如何，是否会报错。对于需要用户验证的系统，在退出登录后，按“回退”键，看系统处理如何；多次按“回退”键和“前进”键，看系统如何处理；
- 直接URL链接检查：在Web系统中，直接输入各功能页面的URL地址，看系统如何处理，对于需要用户验证的系统更为重要。如果系统安全性设计得不好，直接输入各功能页面的URL地址，很有可能会正常打开页面；
- 确认没有上传资料时，单击“上传”按钮是否有提示；
- 确认是否支持图片上传；
- 确认是否支持压缩包上传；
- 若是图片，是否支持所有的格式（.jpeg、.jpg、.gif、.png等）；
- 音频文件的格式是否支持（mp3、wav、mid等）；
- 各种格式的视频文件是否支持；
- 上传文件的大小有无限制，上传时间用户是否可接受；
- 是否支持批量上传；
- 若在传输过程中网络中断，页面显示什么；
- 选择文件后，想取消上传功能，是否有“删除”按钮；
- 文件上传结束后，是否能回到原来界面。

8. 添加功能检查

- 正确输入相关内容，包括必填项，单击“添加”按钮，记录是否成功添加；
- 必填项内容不填、其他项正确输入，单击“添加”按钮，系统是否有相应提示；
- 内容项中输入空格，单击“添加”按钮，记录能否添加成功；
- 内容项中输入系统中不允许出现的字符、单击“添加”按钮，系统是否有相应提示；
- 内容项中输入HTML脚本，单击“添加”按钮，记录能否添加成功；
- 仅填写必填项，单击“添加”按钮，记录能否添加成功；
- 添加记录失败时，原填写内容是否保存；
- 新添加的记录是否排列在首行；
- 重复提交相同记录，系统是否有相应提示。

9. 删除功能检查

- 选择任意一条记录进行删除，能否删除成功；
- 选择不连续多条记录进行删除，能否删除成功；
- 选择连续多条记录进行删除，能否删除成功；
- 能否进行批量删除操作；
- 删除时，系统是否有确认删除的提示。

10. 查询功能检查

- 针对单个查询条件进行查询，系统能否查询出相关记录；
- 针对多个查询条件进行组合查询，系统能否查询出相关记录；

- 系统能否支持模糊查询；
- 查询条件全部匹配时，系统能否查询出相关记录；
- 查询条件全为空时，系统能否查询出相关记录；
- 查询条件中输入“%”，系统能否查询出相关记录；
- 系统是否支持回车查询；
- 系统是否设置了重置查询的功能。

巩固与提高

一、选择题

1．页面内容测试用来检测 Web 应用系统提供信息的（　　）。

A．正确性　　B．准确性

C．相关性　　D．逻辑性

2．导航测试属于（　　）。

A．功能测试　　B．性能测试

C．可用性/可靠性测试　　D．压力测试

3．Web 测试的一个重要特征是（　　）。

A．图片　　B．文字

C．链接　　D．视频

二、填空题

1．界面测试要素主要包括：符合标准和规范、__________、正确性、__________、舒适、__________、__________。

2．数据库测试的主要因素有：__________、__________、__________和__________。

3．负载级别可以是__________，也可以是__________。

三、思考题

测试 360 网站首页应该考虑的因素有哪些？

第十一章　软件测试技术前沿

工作目标

知识目标

- 了解软件测试的现状。
- 掌握敏捷的测试方法。
- 掌握测试驱动开发。

技能目标

- 熟悉掌握敏捷的测试方法。
- 了解测试的驱动开发方法。

素养目标

- 培养学生的理解和自学能力。

工作任务

计算机科学发展至今，最根本的意义是解决人类手工劳动的复杂性，成为替代人类某些重复性行为模式的最佳工具。而在计算机软件工程领域，软件测试的工作量很大，一般测试会占用到 40%的开发时间；一些可靠性要求非常高的软件测试工作量巨大，测试时间甚至占到60%开发时间。而且测试中的许多操作是重复性的、非智力性的和非创造性的，并要求做准确细致的工作，计算机就最适合代替人工去完成这样的任务。因而进行自动化测试能够提高软件测试的工作效率，提高开发软件的质量，降低开发成本和缩短开发周期。从而有了敏捷测试方法和测试驱动开发方法。

工作计划及实施

任务分析之问题清单

- 软件测试现状、原因及解决方法。
- 敏捷测试。
- 敏捷测试模型及流程的优化。
- 敏捷测试的具体方法。

- 敏捷测试与一般测试的区别。
- 测试驱动开发。
- 测试驱动开发的过程。
- 驱动开发的本质和优势。

任务解析及实施

一、软件测试的现状、原因及解决方法。

1. 软件测试的现状

在软件业较发达的国家，软件测试不仅早已成为软件开发的一个重要组成部分，而且在整个软件开发的系统工程中占据着相当大的比重。例如，在美国的软件开发中，需求分析和规划确定的比重只有3%，设计占5%，编程占7%，而测试要占到15%，其余67%是投产和维护。微软为打造Windows 2000，用了250多个项目经理、1700多个开发人员，而测试人员则用了3200人，几乎是开发人员的两倍。而且，每修改一个错误都花费大量时间，以确保没有新错误产生。

而在我国，由于总体上国内软件项目过程不规范，导致重视编码和轻视测试的现象出现，对于软件测试的重要性、测试方法和流程等还存在很多错误的认识。

2. 现状的原因分析

在研究中我们发现，软件测试处于目前这种状态主要有以下几个因素：

（1）国内软件产业本身不强大。中国软件产业最近几年来发展非常迅猛，业绩也是每年以百分之几十甚至成倍的速度增长，数据虽然好看，但由于基数很小，从总量来说仍然不大。软件公司规模不大，并且大多数日子不好过，还处于一种为“生活”发愁、向上扩张阶段，“温饱”问题还没解决，怎能奢求“小康”呢？而搞好软件测试恰恰可以由“温饱”向“小康”转变，软件企业也是在从量的追求向质的追求转变，因而软件产业的不发达导致软件测试的不繁荣也就是顺理成章的事。

（2）对软件测试的认识和重视程度不够。在中国，很多软件企业“重开发，轻测试”，许多人认为，软件测试就是在程序员编程时的单元测试、集成测试和功能验证测试，甚至有人认为进行过多的测试是自己跟自己过不去，影响开发进度，浪费人、财、物。然而，软件测试是软件开发活动的一个重要组成部分，它贯穿于软件开发过程的始终，其作用是确保在开发过程中随时发现问题，促使开发人员及时作出修改，以免把错误带入下一阶段。错误是具有累积效应的，开发前期错误过多，会导致整个系统开发失败。但事实上，软件测试是控制软件产品质量的重要手段，是控制成本的关键。

（3）软件管理者与用户的质量意识不够强。其实说软件管理者的质量意识不够并不完全正确，我们看到不少公司内部墙上贴着“软件质量是我们企业的生命”的宣传标语，可他们却往往在软件测试要进行大量投入时，或是在软件开发进度与软件测试发生冲突时，牺牲软件测试。这是在欺骗用户的善良，或是钻用户质量意识不够强的空子。

（4）软件行业质量监督体系不够好。中国目前有很多软件企业在申评ISO9001和CMM，这本身是好事，但申评成功后，在软件开发过程中，大家又认为这是一件很麻烦的事，依然故我，ISO9001和CMM实质上成了很多公司的宣传品，只是与客户谈生意时增加的一个砝码而已。目前，国内软件产品质量监控体系和执行标准都是较为模糊的，软件提供商的质量承诺既没有相应机构的监督，也没有第三方来严格论证，承诺显得苍白无力。这看似宽松的外部环境，却给中国软件产业提供了滋生不求质量思想的温床。从长远角度看，这并非好事，会严重损害软件业的发展，成为软件产业快速发展的瓶颈。

（5）软件从业人员的素质不够高。目前，软件测试从业人员很多是由程序员转型来的或由程序员兼任。软件测试实质是一个很专业的工作，既需要较强的测试理论素养作支撑，又要有较好的实践经验作保证。要成为一个好的软件测试工程师，两者缺一不可。

（6）软件测试的经济效益在短期内不够明显。据统计，一个好的软件花在软件测试上的成本要占整个开发成本的30%～40%，甚至更多。相反，不做或少做测试就会降低开发成本，这意味着开发商又可多赚取一大笔利润。软件测试在查找错误过程中，遵从“80－20”定理，即前80%的错误只会花费整个测试成本的20%，而查找后20%的错误会花掉整个测试成本的80%，甚至更高。因为软件中的错误永远也无法知道是否找完并改正，并且一个软件中的深层次Bug一般不会在交付用户时出现，甚至有的开发商知道用户一般不会太专业，软件明明有错误，却在交付时将其隐藏，等用户发现时，所有的款项已到手，要改的话，只能等升级交钱。当然，这样做的结果是鼓了当前的腰包，却伤了用户的心，毁了软件及测试业的前程。

3. 测试现状的解决方法

（1）政府搭台，企业唱戏。政府的职能部门，特别是与信息产业相关的单位应做好以下工作：一是做好与软件质量体系相关的法律法规和行规的建立健全工作；二是做好质量监督工作，加大对不合格的软件开发商的惩罚力度，规范行业有序发展；三是建立独立的第三方软件测试机构，其行为是市场化的，所有软件在上市前必须经过严格测试和认证；四是加大惩罚力度，让软件开发商诚信经营，加大对软件产业、测试业的指导和引导力度。

（2）呼唤客户质量和过程控制意识。无论是政府或软件企业，应有博大胸怀，主动让用户参与到软件开发中，去了解软件开发、测试的流程，用户从中提出更高、更好、更有效的要求，保证产品的质量有更高的水平，减少后续维护升级工作的成本。同时因质量的提高得到更多用户的信任，软件市场需求量会更大，产品销量更好，企业就会有更多的投入来提高软件质量，提高软件质量必然会催生更多的软件测试机会，这无疑是一个多赢的选择。

（3）加大软件测试人才培养和现有人员的技能培训。任何一个行业要发展，人才是关键。目前，中国的软件测试人员在数量和质量上都与软件测试业的发展不适应。要尽快解决这个矛盾，国内各大高校可以与软件测试培训中心（甚至国外测试机构）强强联手，学校在培养软件测试人才的同时多引进测试实践，软件测试培训中心可以把培训班办到校园内，在培训在职测试人员时，多请高校的理论专家们来讲课，取长补短，相互融合。

（4）软件测试从事后测试向质量控制上转移。软件测试不是教科书上简简单单的白盒和黑盒（功能验证性）测试，它贯穿于软件开发的全过程，是软件质量控制的有效手段。

（5）加大软件测试产业的开发力度。一个软件开发公司的测试小组理应做好软件开发过程的全测试，而作为一个独立的软件测试机构，应该多方拓宽自身业务，由开始受客户委托，对已开发的产品进行验收、认证测试，逐步介入软件开发前的需求评审，开发中的文档资料评审、代码走查等，最终发展为软件监理。在此基础上，逐渐提高测试机构的业务和技术水平，大力开拓国外市场，比如软件外包测试等。

（6）多向国外学习，加大对软件测试理论、测试技术、测试管理的创新和测试工具的开发。这些工作一定要由专人来做，光靠软件从业人员做些经验总结是不够的，它无法上升到一种高度来指导软件测试业的发展，应由政府职能部门、高校和科研机构来担负这个责任。

二、敏捷测试

假如将过去传统的测试流程和方法硬塞入敏捷开发流程中，测试工作可能会事倍功半，测试人员可能会天天加班，而不能发挥应有的作用。敏捷测试应该是适应敏捷方法而采用的新的测试流程、方法和实践，对传统的测试流程有所剪裁，有不同的侧重，例如减少测试计划、测试用例设计等工作的比重，增加与产品设计人员、开发人员的交流和协作。在敏捷测试流程中参与单元测试，关注持续迭代的新功能，针对这些新功能进行足够的验收测试，而对原有功能的回归测试则依赖于自动化测试。由于敏捷方法中迭代周期短，测试人员尽早开始测试，包括及时对需求、开发设计的评审，更重要的是能够及时、持续地对软件产品质量进行反馈。简单地说，敏捷测试就是持续地对软件质量问题进行及时的反馈，如图 11-1 所示。

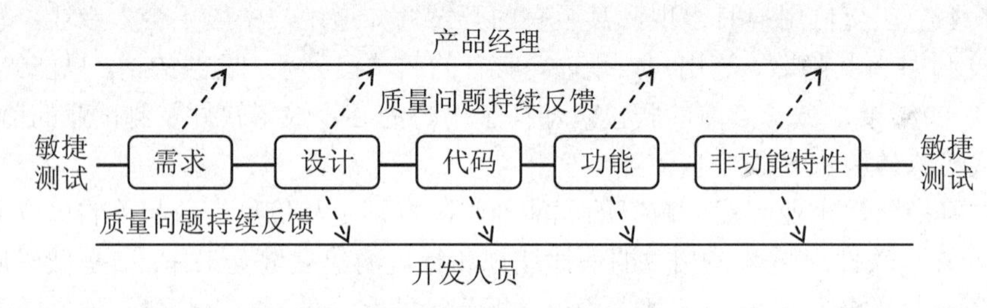

图 11-1　敏捷测试定义的形象描述

三、敏捷测试模型及流程的优化

1. 敏捷开发模式图

常见的敏捷开发模式图如图 11-2 所示。

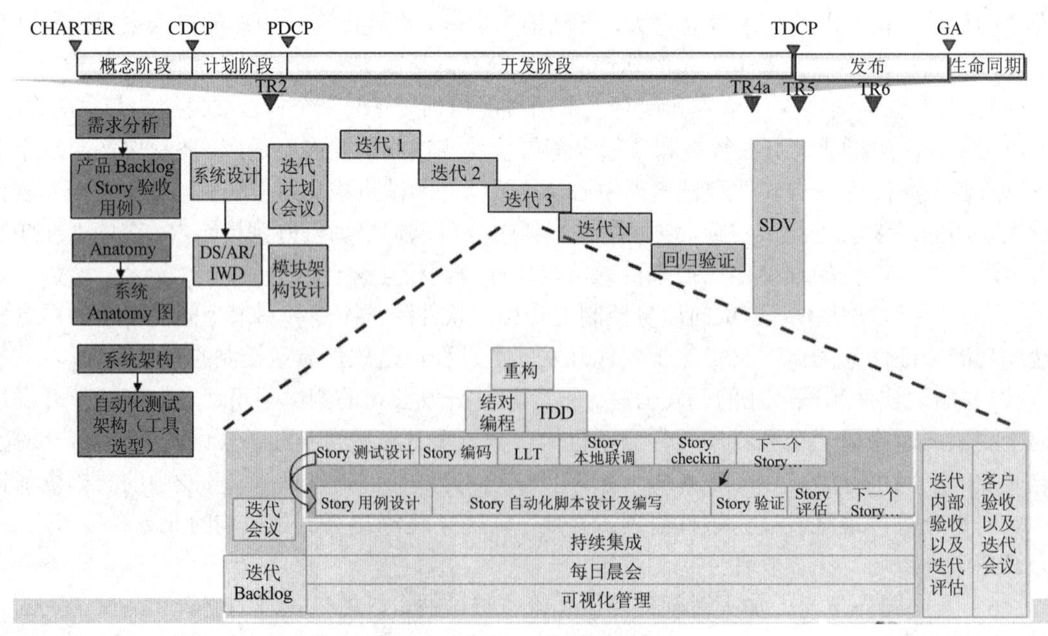

图 11-2　敏捷开发模式图（1）

需要强调一下敏捷之思想。这里描述的只是一种常用的软件开发模式。在我们实际项目中，需要根据自己项目和团队的特点，制定该项目的软件开发模式；实践活动更在于过程。正如咨询公司 TH 的工程师 Eric 所描述的：如果都是一群非常牛的人，软件编码和设计技能非常强，那么 TDD 活动就没有必要开展。这些活动的开展都是以价值为驱动的。

2. 敏捷测试流程的优化

在敏捷方法中，需求变化较快、产品开发周期很短，我们目前采用四周时间，也就是每个月发布一个新版本。开发周期短，功能不断累加，给软件测试带来很大的挑战，软件测试流程要做相应的调整。例如，我们原有的测试规范明确规定，首先要建立项目的主测试计划书，然后再建立每个功能任务的测试计划书，测试计划书有严格的模板，而且需要和产品经理、开发人员讨论，并和测试团队其他人员（包括测试经理）讨论，最终得到大家的认可和签字才能通过，仅测试计划经过“起草、评审和签发”一个完整的周期就需要一个月。在敏捷方法中，不再要求写几十页的测试计划书，而是在每个迭代周期写出一页纸的测试计划，将测试要点（包括策略、特定方法、重点范围等）列出来就可以了。

在原有测试规范中，要求先用 Excel 写出测试用例，然后进行讨论、评审，评审通过以后再导入测试用例库（在线管理系统）中。在敏捷测试中，可能不需要测试用例，而是针对 Use Case 或 User Story 直接进行验证，并进行探索性测试。而节约出来的时间用于开发原有功能的自动化测试脚本，为回归测试服务。自动化测试脚本将代替测试用例，成为软件组织的财富。原有测试规范还要求进行两轮回归测试，在敏捷测试中，只能进行一轮回归测试。综合这些考虑，敏捷测试的流程简单有效，如图 11-3 所示。

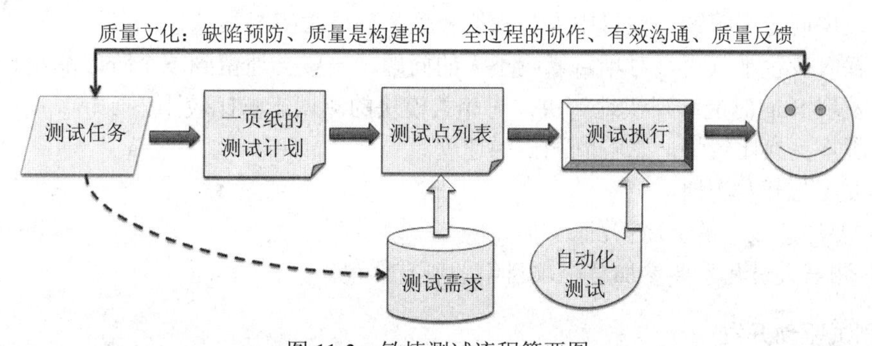

图 11-3　敏捷测试流程简要图

在敏捷测试流程中，如前所述，测试是一个持续的质量反馈过程，测试中发现的问题要及时反馈给产品经理和开发人员，而且某些关键方面也要得到我们足够的关注，主要有：

- 测试人员不仅要全程参与需求、产品功能设计等讨论，而且要面对面地、充分地讨论（包括带语言、视频的即时通信），仅仅通过邮件是不够的；
- 参与代码复审（Code Review），并适当辅助开发人员进行单元测试；
- 在流程中增加一个环节“产品走查（Product Walk-through）”——测试人员和产品经理、开发人员等在一起，从头到尾将新功能看一遍，可直观、快速地发现问题。

四、敏捷测试的测试方法

在2008年的STP第6期杂志中，Glenn Jones在《Fly into agile development with agile testing》一文中把敏捷开发中的测试分为7种类型：

（1）自动化回归测试（Automated Regression Test）。运行自动化测试代码来验证当前的修改没有破坏已有的功能。

（2）单元测试（Unit Test）。验证单元级别的代码工作是否正常。

（3）公共API测试（Public API Test）。验证被第三方开发人员调用的API可正常工作，并且得以文档化。

（4）私有API测试（Private API Test）。验证内部使用的API工作是否正常。

（5）命令行测试（Command-line Test）。验证在命令行输入的命令是否工作正常。

（6）用户界面测试（User Interface Test）。验证界面层的功能是否正常。

（7）“狗粮”测试（Dog-food Test）。这里用了一个有趣的名字“Dog-food Test”，自己的“狗粮”自己先尝尝。在企业内部使用自己开发的产品，通过这种实际的使用来确保功能正确，满足使用要求。

五、敏捷测试与一般测试的区别

（1）项目相当于开发与测试并行，项目整体时间较快。

（2）模块提交较快，测试时较有压迫感。

（3）工作任务划分清晰，工作效率较高。

（4）项目规划要合理，不然测试时会出现复测的现象，加大工作量。

（5）发现问题需跟紧，项目中人员都比较忙，问题很容易被遗忘。

（6）耗时或较难解决且对项目影响不大的问题，一般会遗留到下个阶段解决。

（7）发现Bug时能够很快地解决，对相关模块的测试影响比较小。

（8）版本更换比较快，影响到测试的速度。

（9）要多与开发沟通。

（10）要注意版本的更新情况。

（11）测试人员几乎要参加整个项目组的所有会议。

六、测试驱动开发

1. 驱动开发概要

测试驱动开发（Test-Driven Development，TDD）是一种不同于传统软件开发流程的新型的开发方法。

2. 驱动开发基本原理

测试驱动开发的基本思想就是在开发功能代码之前，先编写测试代码，然后只编写使测试通过的功能代码，从而以测试来驱动整个开发过程的进行。这有助于编写简洁可用和高质量的代码，有很高的灵活性和健壮性，能快速响应变化，并加速开发过程。

测试驱动开发的基本过程如下：

- 快速新增一个测试；

- 运行所有的测试（有时候只需要运行一个或一部分），发现新增的测试不能通过；
- 做一些小小的改动，尽快让测试程序可运行，为此可以在程序中使用一些不合情理的方法；
- 运行所有的测试，并且全部通过；
- 重构代码以消除重复设计，优化设计结构。

简单来说，就是“不可运行→可运行→重构”——这正是测试驱动开发的口号。

七、测试驱动开发的过程

软件开发其他阶段的测试驱动开发，根据测试驱动开发的思想完成对应的测试文档即可。下面针对详细设计和编码阶段进行介绍。

测试驱动开发的基本过程如下：

- 明确当前要完成的功能。可以记录成一个 TODO 列表；
- 快速完成针对此功能的测试用例编写；
- 测试代码编译不通过；
- 编写对应的功能代码；
- 测试通过；
- 对代码进行重构，并保证测试通过；
- 循环完成所有功能的开发。

为了保证整个测试过程比较快捷、方便，通常可以使用测试框架组织所有的测试用例。一个免费的、优秀的测试框架是 XUnit 系列，几乎所有的语言都有对应的测试框架。

八、测试驱动开发的本质和优势

或许只有了解了测试驱动开发的本质和优势之后，你才会领略到它的无穷魅力。测试驱动开发不是一种测试技术，而是一种分析技术、设计技术，更是一种组织所有开发活动的技术。相对于传统的结构化开发过程方法，它具有以下优势：

（1）TDD 根据客户需求编写测试用例，对功能的过程和接口都进行了设计，而且这种从使用者角度对代码进行的设计通常更符合后期开发的需求。因为关注用户反馈可以及时响应需求变更，并且从使用者角度出发的简单设计也可以更快地适应变化。

（2）出于易测试和测试独立性的要求，促使我们实现松耦合的设计，并更多地依赖于接口而非具体的类，提高系统的可扩展性和抗变性。而且 TDD 明显缩短了设计决策的反馈循环，使我们几秒或几分钟之内就能获得反馈。

（3）将测试工作提到编码之前，并频繁地运行所有测试，可以尽量避免和尽早发现错误，极大降低了后续测试及修复的成本，提高了代码的质量。在测试的保护下，不断重构代码以消除重复设计，优化设计结构，提高了代码的重用性，从而提高了软件产品的质量。

（4）TDD 提供了持续的回归测试，使我们拥有重构的勇气，因为代码的改动导致系统其他部分产生任何异常时，测试都会立刻通知我们。完整的测试会帮助我们持续地跟踪整个系统的状态，因此我们就不需要担心会产生什么不可预知的副作用了。

（5）TDD 所产生的单元测试代码就是最完美的开发者文档，它们展示了所有的 API 该如何使用以及是如何运作的，而且它们与工作代码保持同步，永远是最新的。

（6）TDD 可以减轻压力、降低忧虑、提高我们对代码的信心、使我们拥有重构的勇气，这些都是快乐工作的重要前提。

巩固与提高

一、选择题

1．测试驱动开发的步骤是（　　）。

A．可运行　　B．不可运行　　C．重构　　D．编辑

2．测试驱动开发的三个关键点是（　　）。

A．测试　　B．驱动　　C．节奏　　D．需求

3．测试驱动开发的简称是（　　）。

A．ADD　　B．TTD　　C．TDD　　D．TDT

三、填空题

1．敏捷开发的最大特点是__________，有__________，并且能够及时、持续地响应__________的频繁反馈。

2．测试不仅仅是测试软件本身，还包括软件测试的__________和__________。

3．敏捷功能测试 =__________+__________。

三、思考题

敏捷测试如何做代码的审查？

第十二章　单元测试工具 JUnit

工作目标

知识目标

- 了解 JUnit 的概述。
- 掌握 JUnit 的安装。
- 掌握 JUnit 的使用。

技能目标

- 熟悉使用 JUnit 工具进行测试。

素养目标

- 培养学生的理解和自学能力。

工作任务

一个只会做两数加减的超级简单的计算器的 Java 类程序代码：

```
public class SampleCalculator
{
 public int add(int augend , int addend)
 {
 return augend + addend;
 }
 public int subtration(int minuend , int subtrahend)
 {
 return minuend - subtrahend;
 }
}
```

将上面代码编译并通过，写出程序的单元测试用例（注意程序中的类名和方法名的特征）。

工作计划及实施

任务分析之问题清单

- JUnit 简介及特征。

- JUnit 的安装和配置。
- 如何使用 JUnit 工具进行测试。
- JUnit 实践总结。

任务解析及实施

一、JUnit 简介及特征

JUnit 是一个开源的 Java 单元测试框架。在 1997 年，由 Erich Gamma 和 Kent Beck 开发完成。Erich Gamma 是 GOF 之一；Kent Beck 则在 XP 中有重要的贡献。

JUnit 的特征如下：

- 提供的 API 可以让你写出测试结果明确的可重用单元测试用例；
- 提供了三种方式来显示测试结果，而且还可以扩展；
- 提供了单元测试用例成批运行的功能；
- 超轻量级而且使用简单，没有商业性的欺骗和无用的向导；
- 整个框架设计良好，易扩展；

二、JUnit 的安装和配置

（1）进入 JUnit 官网下载：https://github.com/KentBeck/junit/downloads（目前最新版本为 4.11）。

（2）将下载的 JUnit 压缩包解压到一个物理目录中（例如 C:\JUnit4.11）。

（3）记录 JUnit.jar 文件所在目录名（例如 C:\JUnit4.11\JUnit.jar）。

（4）进入操作（以 WindowsXP 操作系统为准），按照次序单击“开始”→“控制面板”命令。

（5）在控制面板中选择“系统”选项，单击“环境变量”，在“系统变量”的“变量”列表框中选择“CLASS_PATH”关键字（不区分大小写），如果该关键字不存在，则添加。

（6）双击“CLASS_PATH”关键字，添加字符串“C:\JUnit4.11\JUnit.jar”（注意，如果已经有其他字符串，请在该字符串的字符结尾加上分号“;”），这样确定修改后，JUnit 就可以在集成环境中应用了。

三、如何使用 JUnit 进行测试

（1）Java 程序代码。

```
public class SampleCalculator
{
  public int add(int augend , int addend)
  {
  return augend + addend;
  }
  public int subtration(int minuend , int subtrahend)
  {
  return minuend - subtrahend;
  }
}
```

代码编译通过。下面就是为上面程序写的一个单元测试用例：

```
import junit.framework.TestCase;
public class TestSample extends TestCase
{
   public void testAdd()
   {
  SampleCalculator calculator = new SampleCalculator();
   int result = calculator.add(50 , 20);
   assertEquals(70 , result);
   }
   public void testSubtration();
   {
   SampleCalculator calculator = new SampleCalculator();
   int result = calculator.subtration(50 , 20);
   assertEquals(30 , result);
   }
}
```

（2）然后在 DOS 命令行里面输入 javac TestSample.java，将测试类编译通过。再输入 java junit.swingui.TestRunner TestSample，运行测试类，将会看到测试结果。如果是绿色的，说明单元测试通过，没有错误产生；如果是红色的，则说明测试失败了。这样一个简单的单元测试就完成了。

按照框架规定：编写的所有测试类必须继承自 junit.framework.TestCase 类；里面的测试方法的命名应该以 test 开头，必须是 public void 且不能有参数；而且为了测试查错方便，尽量一个 testXXX 方法对一个功能单一的方法进行测试；使用 assertEquals 来断言结果是否正确。

四、JUnit 实践总结

（1）每次只对一个对象进行 UT 测试（unit-test one object at a time）。这样能使你尽快发现问题，而不被各个对象之间的复杂关系所迷惑。

（2）给测试方法起个好名字（choose meaningful test method names）。应该是用形如 testXXXYYY()这样的格式来命名测试方法。前缀 test 是 JUnit 查找测试方法的依据，XXX 是测试的方法名，YYY 应该是测试的状态。当然，如果只有一种状态需要测试，可以直接命名为 testXXX()。

（3）明确写出出错原因（explain the failure reason in assert calls）。在使用 assertTrue、assertFalse、assertNotNull、assertNull 方法时，应该将可能的错误的描述字符串以第一个参数传入相应的方法。这样可以迅速地找出出错原因。

（4）一个 UT 测试方法只应该测试一种情况（one unit test equals one test method）。一个方法中的多次测试只会混乱你的测试目的。

（5）测试任何可能的错误（test anything that could possibly fail）。测试代码不是为了证明你是对的，而是为了证明你没有错。因此对测试的范围要全面，比如边界值、正常值、错误值；对代码可能出现的问题要全面预测。

（6）让测试帮助改善代码（let the test improve the code）。测试代码永远是我们代码的第一个用户，所以不仅让它帮组我们发现 Bug，还要帮助我们改善我们的设计，这就是有名的测试驱动开发（Test-Driven Development，TDD）。

（7）一样的包，不同的位置（same package, separate directories）。测试的代码和被测试的代码应该放到不同的文件夹中，建议使用“src/java/代码 src/test/测试代码”这种目录。这样可以让两份代码使用一样的包结构，但是放在不同的目录下。

（8）关于 SetUp 与 TearDown。

1）不要用 TestCase 的构造函数初始化 Fixture，而要用 SetUp()和 TearDown()方法。SetUp()方法主要用于初始化测试数据，TearDown()方法主要用于清除测试数据。

2）在 SetUp 和 TearDown 中的代码不应该是与测试方法相关的，而应该是与全局相关的。如：针对与测试方法都要用到的数据库链接等。

3）当继承一个测试类时，记得调用父类的 setUp()和 tearDown()方法。

（9）不要在 mock object 中牵扯到业务逻辑。

（10）只对可能产生错误的地方进行测试。如一个类中频繁改动的函数。对于那些仅仅只含有 getter/setter 的类，如果是由 IDE（如 Eclipse）产生的，则可不测；如果是人工写，那么最好测试一下。

（11）尽量不要依赖或假定测试运行的顺序，因为 JUnit 利用 Vector 保存测试方法。所以不同的平台会按不同的顺序从 Vector 中取出测试方法。

（12）避免编写有副作用的 TestCase，要确信保持测试方法之间是独立的。

（13）将测试代码和工作代码放在一起，一边同步编译和更新（使用 Ant 中有支持 JUnit 的 task）。

（14）确保测试与时间无关，不要依赖使用过期的数据进行测试。导致在随后的维护过程中很难重现测试。

（15）如果你编写的软件面向国际市场，编写测试时要考虑国际化的因素。不要仅用母语的 Locale 进行测试。

（16）尽可能地利用 JUnit 提供 assert/fail 方法及异常处理的方法，可以使代码更为简洁。

（17）测试要尽可能地小，执行速度快。

巩固与提高

一、选择题

1．确保测试与（　　）无关，不要依赖使用过期的数据进行测试。

A．时间　　B．地点

C．软硬件资源　　D．测试人员

2．JUnit 提供（　　）及（　　），可以使代码更为简洁。

A．数据处理方法　　B．assert/fail 方法

C．异常处理的方法　　D．需求管理办法

3．JUnit 是（　　）语言的单元测试框架。

A．C　　　　B．.NET

C．Java　　　　D．C++

二、填空题

1．为了尽快发现问题，而不被各个对象之间的复杂关系所迷惑，每次只对一个对象进行__________测试。

2．当继承一个测试类时，记得调用父类的__________和__________方法。

3．避免编写有副作用的 TestCase，要确信保持你的测试方法之间是__________。

三、思考题

JUnit 的安装步骤是什么？

第十三章　Web 应用负载测试工具 WAS

工作目标

知识目标

- 了解压力测试的必要性。
- 掌握 WAS 的方法。

技能目标

- 了解 WAS 的概要介绍。
- 熟悉 WAS 的运行过程。

素养目标

- 培养学生的理解和自学能力。

工作任务

WAS（Microsoft Web Application Stress Tool，Web 应用负载测试工具）提供了一种简单的方法，模拟大量用户来访问你的网站。这个工具能告诉我们你的 Web 应用程序工作时对硬件和软件的使用情况。在本章，我将告诉大家如何使用 WAS，以及如何理解 WAS 测试的数据。

工作计划及实施

任务分析之问题清单

- 压力测试的必要性。
- 如何使用 WAS？
- 如何运行测试脚本？
- 编写测试脚本的方法。
- 使用 WAS 的优势和存在的问题。

任务解析及实施

一、压力测试的必要性

随着服务器端处理任务的日益复杂以及网站访问量的迅速增长，服务器性能的优化也成了非常迫切的任务。在优化之前，最好能够测试一下不同条件下服务器的性能表现。找出性能瓶颈所在是设计性能改善方案之前的一个至关重要的步骤。

负载测试是任何 Web 应用的开发周期中一个重要的步骤。如果你在构造一个为大量用户服务的应用，那么搞清楚你的产品配置能够承受多大的负载非常重要。如果你在构造一个小型的 Intranet 网站，那么测试能够暴露出最终会导致服务器崩溃的内存漏洞及竞争情况。

但是在实际的开发过程中，要按照实际投入运行的情况，组织成千上万的用户来进行压力测试，无论从哪个方面看都是不现实的。而且这样一旦发现了问题，不仅需要重复地进行这种耗费巨大的测试，而且问题不容易重现，不能方便地找出性能的瓶颈所在。而使用软件进行压力测试就不会存在这种情况。

无论是哪种情形，花些时间对应用系统进行负载测试可以获得重要的基准性能数据，为未来的代码优化、硬件配置以及系统软件升级带来方便。即使经费有限的开发组织也可以对它们的网站进行负载测试，因为 Microsoft 的压力测试工具 WAS 是可以免费下载的。

二、如何使用 WAS

1．WAS 简介

为了有效地对 Web 应用程序进行压力测试，Microsoft 发布了这个简单易用、功能强大的工具——WAS。WAS 要求系统是 Windows NT 4.0 SP4 及更高版本，或者是 Windows 2000。为了对网站进行负载测试，WAS 可以通过一台或者多台客户机模拟大量用户的活动。WAS 支持身份验证、加密和 Cookies，也能够模拟各种浏览器类型和 Modem 速度，它的功能和性能可以与数万美元的产品相媲美。使用 WAS 时，为了更加接近真实地进行压力测试，我们推荐运行 WAS 的测试机和 Web Server 分开。

2．使用 WAS

要对网站进行负载测试，首先必须创建 WAS 脚本模拟用户活动。我们可以用下面四种方法创建脚本：

- 通过记录浏览器的活动；
- 通过导入 IIS 日志；
- 通过把 WAS 指向 Web 网站的内容；
- 手工制作。

在这里用最常用的方法——通过记录浏览器的活动来讲解。其他三种方法在后面将会提到。

（1）录制测试脚本。

1）打开菜单，选择 Scripts→Create→Record 命令创建一个测试脚本，如图 13-1 所示。

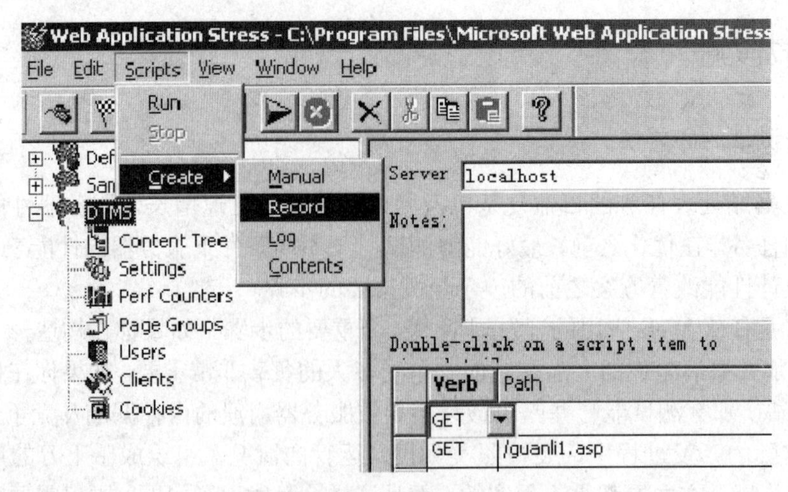

图 13-1 录制脚本

2）选取要记录的内容如图 13-2 所示。

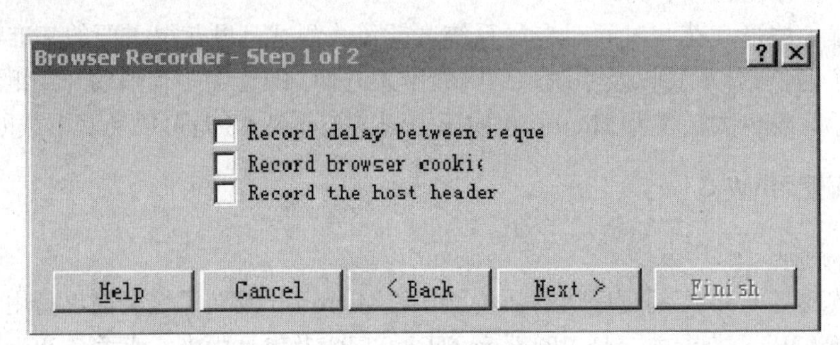

图 13-2 录制记录

要记录的内容有以下三种：

Record delay between request：记录了请求之间的延迟。由于用户实际上在浏览网站时，请求之间存在几秒甚至几分钟的延迟，这种录制方法在执行时会模仿用户之间的延迟发送请求，所以会是一个更加实际的测试。如果我们的目的是要发现 Web 应用程序的承受极限，就不要选择该项；如果只是想模拟一个特定数量的用户场景，那么选择该项进行测试捕捉请求延迟。

Record browser cookies & Record the host header：只记录用户的会话，不记录延迟时间。一般情况下，我们不需要选择这两项，可以让 WAS 创建 cookies 和 host header，就好像用户登录你的网站一样。然而，如果你有网站的回归信息（比如一个用户的主要特征信息或者与一个永久性 cookies 相连的其他信息），在模拟一个新的用户登录网站和进行必要的用户配置测试前，必须保证清除 cookies，如果 Web 应用程序需要用户接受 cookies，那么需要选中该选项。

目前这个版本的 WAS 软件对基于浏览器 IE 录制脚本的方式还不支持 HTTP/SSL 请求。一般情况下，只选择后两种会增加压力的强度。

3）根据压力测试实际的情况，选择合适的选项，然后单击 Next→Finish 命令，WAS 会打开一个 IE 窗口，在 IE 中输入要测试的站点地址，如图 13-3 所示，然后就可以按照实际的情况开始浏览站点了，浏览的同时也就是执行测试。

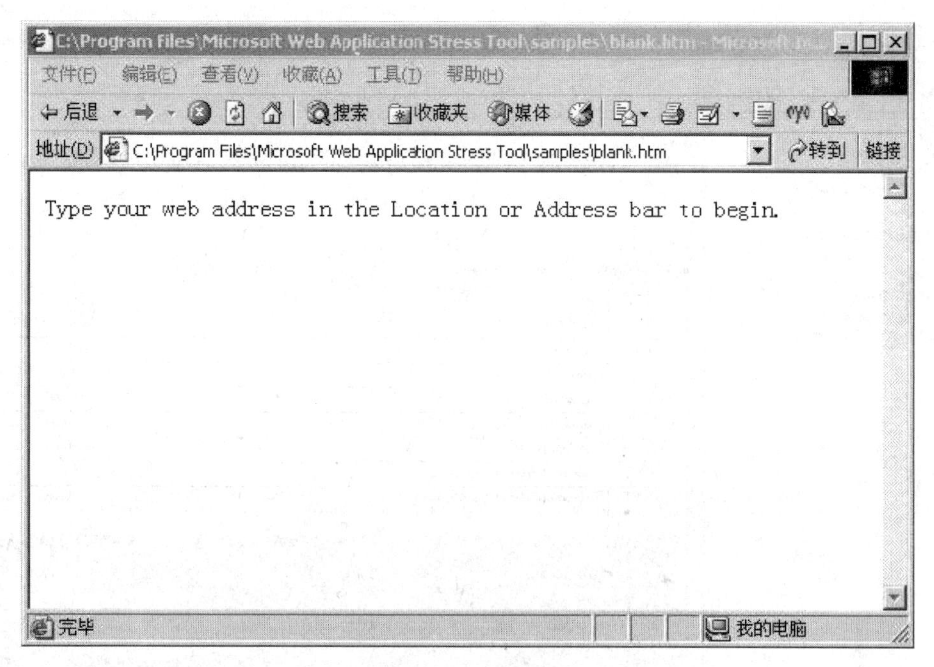

图 13-3　测试地址

4）等测试用例执行完成后，切换到 WAS 窗口，单击 Stop Recording:按钮，停止录制脚本如图 13-4 所示。

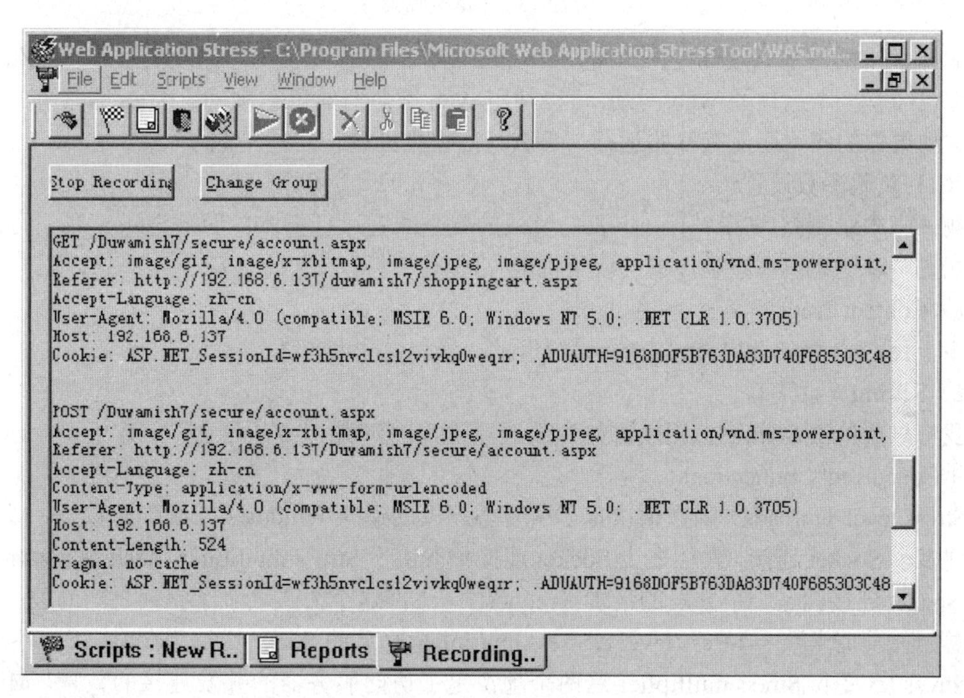

图 13-4　停止录制

5）WAS 回到了视图页面，在该页面中可以看到在录制过程中 WAS 收集的每一个链接，而且还可以编辑 GET、POST 及 HEAD 信息，如图 13-5 所示。

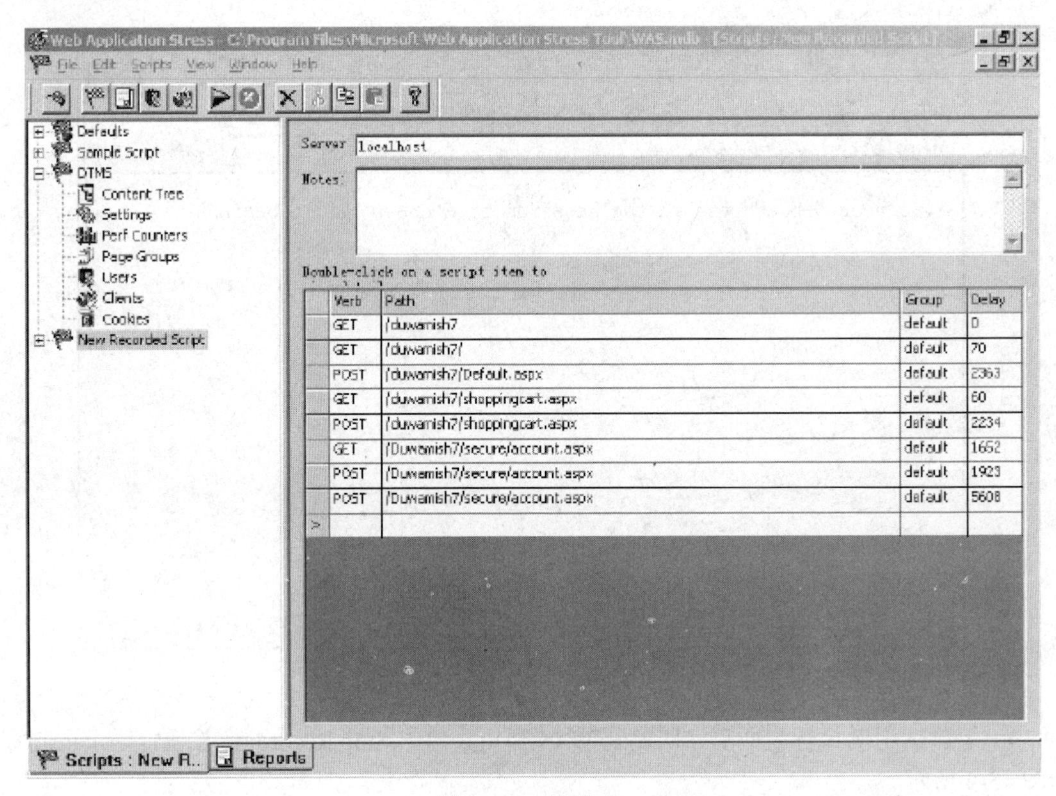

图 13-5　链接收集

6）制作 WAS 脚本是相当简单的，不过要制作出模拟真实用户活动的脚本有点儿复杂。如果你已经有一个运行的 Web 网站，可以使用 Web 服务器的日志来确定 Web 网站上的用户点分布。如果你的应用还没有开始运行，那么只好根据经验作一些猜测了。

（2）负载参数设置。

测试脚本录制完成后，下一步我们要做的就是配置运行脚本的负载选项，我们可以调整测试配置，以便观察不同条件下的应用性能。

1）Content Tree。

由于我们的 WAS 和 Web Server 是分开的，所以这里我们不需要设置。

2）Setting（设置）。

我们只要单击 Setting 按钮就开始负载选项设置，如图 13-6 所示。

①Concurrent Connections。

Stress level（threads）的数值决定了所有客户机创建的 Windows 的线程的数量。每一个线程创建多个 Socket 连接（具体多少 Socket 连接数取决于 Stress multiplier（sockets per thread）)，每个 Socket 连接就是一个并发的请求（request）。下面这个公式表示了它们之间的关系：

总的并发请求数 = Stress level×Stress multiplier = 总的 Socket 连接数

Stress level 和 Stress multiplier 这两个项决定了访问服务器的并发连接的数量。Microsoft 建议不要选择超过 100 的 Stress level 值。如果要模拟的并发连接数量超过 100 个，可以调整 Stress multiplier 或使用多个客户机。在负载测试期间，WAS 将通过 DCOM 与其他客户机协调。

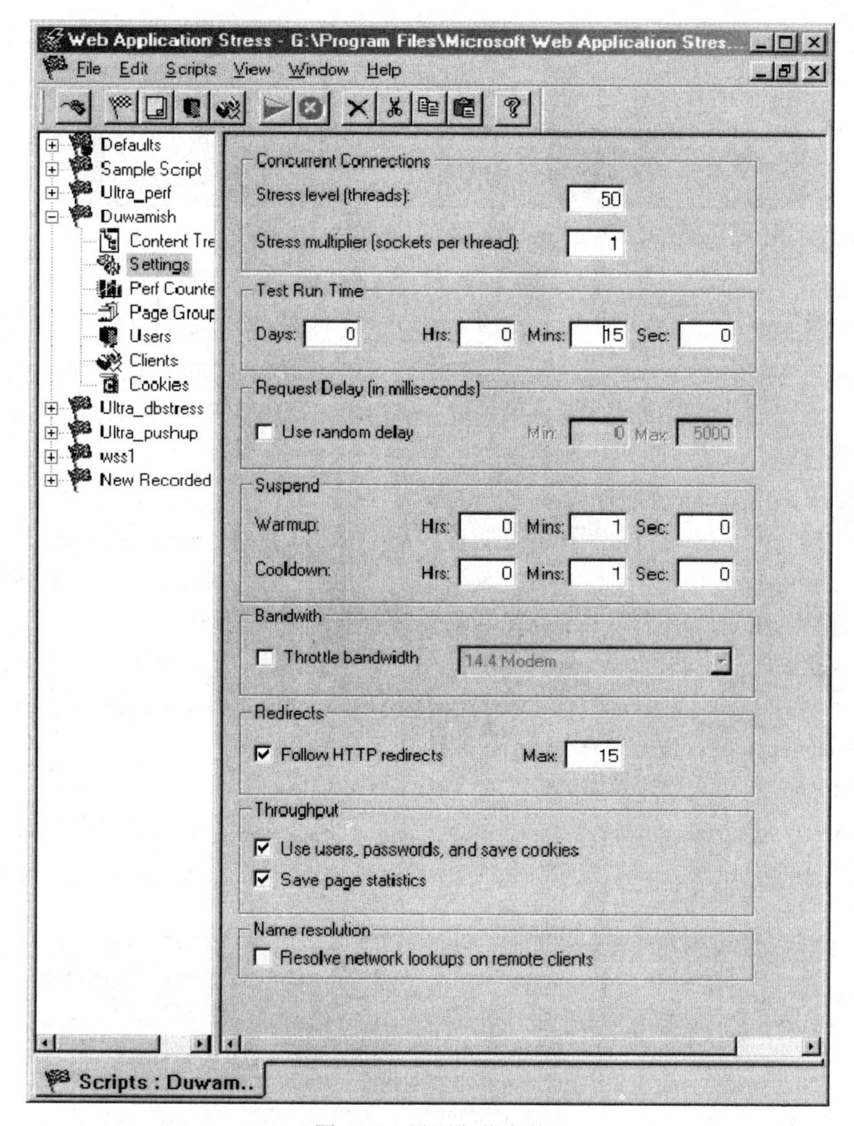

图 13-6 设置负载参数

②Test Run Time。

设定持续运行多长时间的测试。我们可以在这里设定让WAS持续运行多少天、多少个小时、多少分钟、多少秒。

③Request Delay（in milliseconds）。

设定请求延迟时间的最大值和最小值，当然我们也可以选择Use random delay复选项，使用随机的延迟时间。一般情况下，我们常常会浏览一页，发现一个链接后，我们点击它。

④Suspend。

WAS允许设置Warmup（热身）时间，一般可以设置为1分钟。在Warmup期间，WAS开始执行脚本，但不收集统计数据。Warmup时间给MTS、数据库及磁盘缓冲等一个机会来做准备工作。如果在Warmup时间内收集统计数据，这些操作的开销将影响性能测试结果。WAS也允许设置Cooldown时间。在WAS执行的时间达到设定的Test Run Time时，进入Cooldown

Time，这时 WAS 并没有停止执行脚本，同样也不会收集统计数据。图 13-7 表示了它们的先后关系。

图 13-7 Warmup、Test Run Time、Cooldown 的关系

⑤Bandwith。

设置页面提供的另外一个有用的功能是限制带宽（Throttle bandwidth）。带宽限制功能能够为测试模拟出 Modem（14.4K、28.8K、56K）、ISDN（64K、128K）以及 T1（1.54 M）的速度。使用带宽限制功能可以精确地预测出客户通过拨号网络或其他外部连接访问 Web 服务器所感受的性能。

⑥Redirects、Throughput、Name resolution。

这几个选项一般情况下采用默认情况即可。选中 Follow HTTP redirects 复选项将会支持重定向。选中 Throughput 中的两项，WAS 将会收集活动用户的 cookies 以及网站的统计数字。默认情况下都会选中这两项，如果不选择，将会增加压力测试的强度。

Name resolution 默认情况下不选中。选中该选项，会让每一个客户测试机执行查询，只有在使用多个子网时才需要选中该项（帮助原文：have each individual test client perform a lookup，this is useful when using multiple subnets）。

3）Perf Counters（性能计数器）。

使用 WAS，从远程 Windows NT 和 Windows 2000 机器获取和分析性能计数器（Performance Counter）是很方便的。加入计数器要用到如图 13-8 所示的 Perf Counters 分枝。

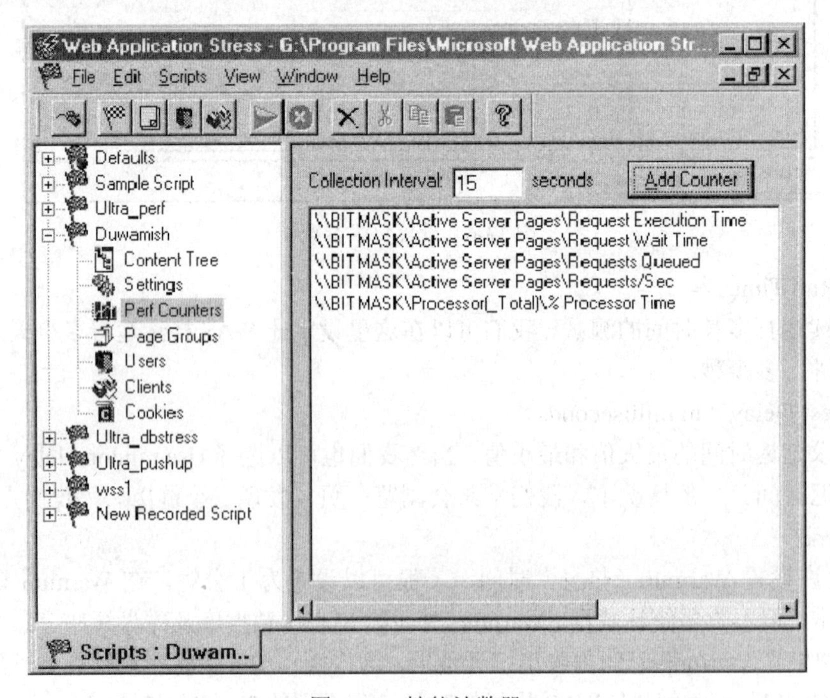

图 13-8 性能计数器

一般情况下，这里需要添加的性能计数器有以下几项：

①Web Server。

- ASP：置入队列的请求数量（Requests Queued）；
- 内存：内存使用百分比（% Memory Utilization）；
- 线程：每秒的上下文切换次数（Context Switches Per Second（Total））；
- ASP：每秒请求数量（Requests Per Second）；
- ASP：请求执行时间（Request Execution Time）；
- ASP：请求等待时间（Request Wait Time）；
- ASP：置入队列的请求数量（Requests Queued）。

②各个 WAS 测试机。

- 处理器：CPU 使用百分比（% CPU Utilization）；
- 内存：内存使用百分比（% Memory Utilization）。

在测试中，选择哪些计数器显然跟测试目的有关。虽然下面这个清单不可能精确地隔离出性能瓶颈所在，但对一般的 Web 服务器性能测试来说却是一个好的开始。

- 处理器：CPU 使用百分比（% CPU Utilization）；
- 线程：每秒的上下文切换次数（Context Switches Per Second（Total））；
- ASP：每秒请求数量（Requests Per Second）；
- ASP：请求执行时间（Request Execution Time）；
- ASP：请求等待时间（Request Wait Time）；
- ASP：置入队列的请求数量（Requests Queued）。

CPU 使用百分比反映了处理器开销。CPU 使用百分比持续地超过 75%是性能瓶颈在于处理器的一个明显迹象。每秒上下文切换次数指示了处理器的工作效率。如果处理器陷于每秒数千次的上下文切换，说明它忙于切换线程而不是处理 ASP 脚本。

每秒的 ASP 请求数量、执行时间以及等待时间在各种测试情形下都是非常重要的监测项目。每秒的请求数量告诉我们每秒内服务器成功处理的 ASP 请求数量。执行时间和等待时间之和显示了反应时间，这是服务器用处理好的页面作应答所需要的时间。

我们可以绘出随着测试中并发用户数量的增加，每秒请求数量和反应时间的变化图。增加并发用户数量时，每秒请求数量也会增加。然而，我们最终会达到这样一个点，此时并发用户数量开始“压倒”服务器。如果继续增加并发用户数量，每秒请求数量开始下降，而反应时间则会增加。要搞清楚硬件和软件的能力，找出这个并发用户数量开始“压倒”服务器的临界点非常重要。

置入队列的 ASP 请求数量也是一个重要的指标。如果在测试中这个数量有波动，某个 COM 对象所接收到的请求数量超过了它的处理能力。这可能是因为在应用的中间层使用了一个低效率的组件，或者在 ASP 会话对象中存储了一个单线程的单元组件。

运行 WAS 的客户机 CPU 使用率也有必要监视。如果这些机器上的 CPU 使用率持续地超过 75%，说明客户机没有足够的资源来正确地运行测试，此时应该认为测试结果不可信。在这种情况下，测试客户机的数量必须增加，或者减小测试的 Stress level。

4）Page Groups。

对于一个 Web 应用而言，同一时刻用户点击分布是不一样的，如图 13-9 所示。WAS 允许设置用户点击流量的分布比例。

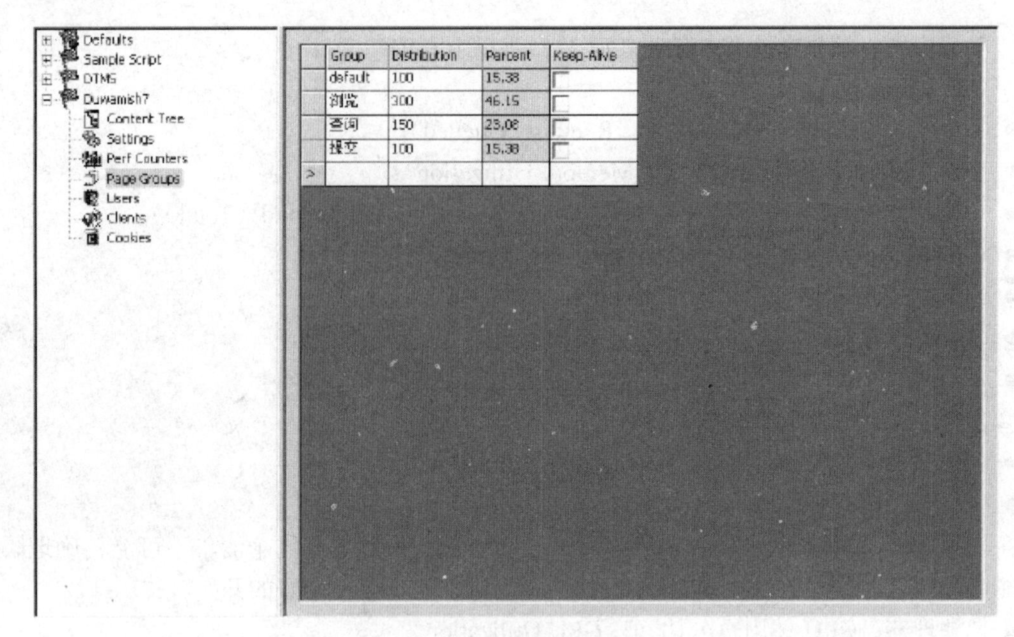

图 13-9　用户点击流量的分布

这里，我们假设在一个 Web 应用程序中有 650 个人同时在线，其中 100 人正在添加提交数据，占 15.38%；有 150 人正在查询，占 23.08%。按照不同的 Web 应用，我们可以根据实际的情况再定制这个比例关系，以更加符合实际的情况。

5）Users。

现在很多 Web 应用程序为了提供个性化的服务，都设计了登录过程。每个用户都有自己的登录名和密码。WAS 也考虑到了这种情况，我们只要在 Users 分支中添加用户名和对应的密码即可，如图 13-10 所示。

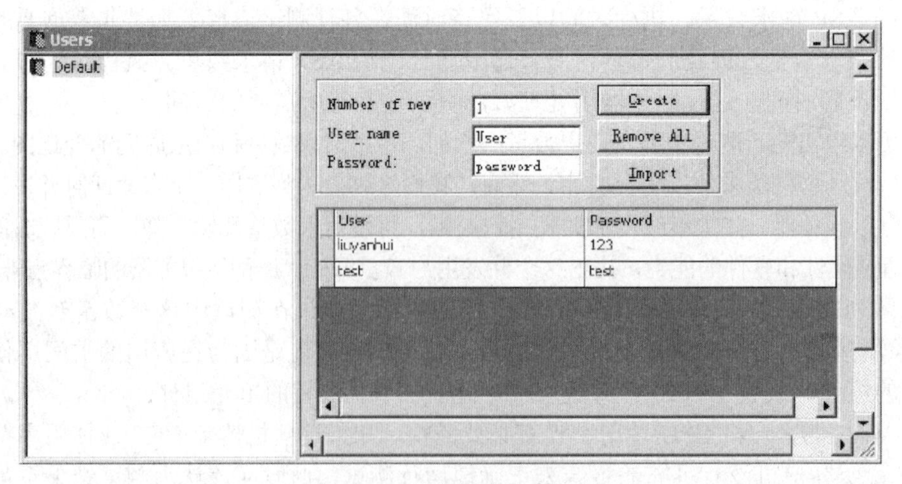

图 13-10　添加用户名和密码

6）Clients。

添加多个 WAS 客户机。在运行期间，各个 WAS 客户机是通过 DCOM 来协调的。各个 WAS 客户机只要正确安装了 WAS 软件、启动了 WebTool 服务，它们就可以自己协调操作。

我们只要在 Clients 分支内添加 WAS 客户机即可，如图 13-11 所示。

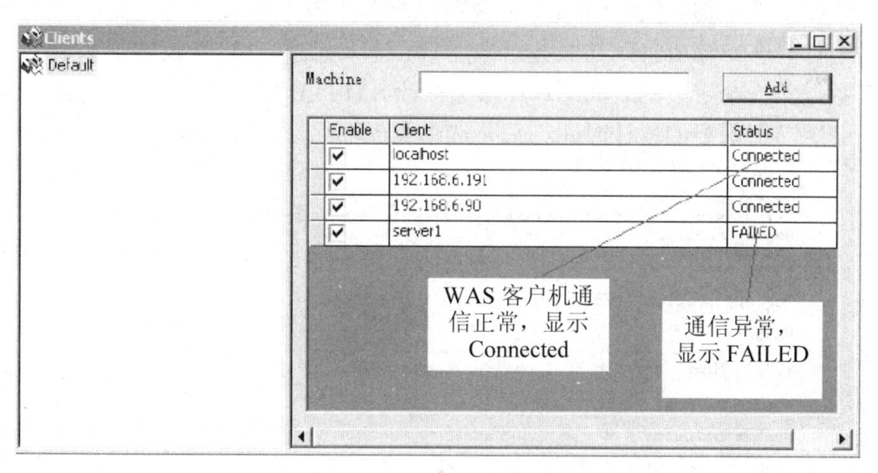

图 13-11 添加客户机

7）Cookies。

这里显示的是用户名及对应的 cookies，不需要设置。

（4）运行测试脚本。

所有的设置完成以后，我们就可以运行 WAS 来进行压力测试了。要运行测试脚本很简单，只要选中测试脚本的名称，然后单击工具栏上的"运行"按钮即可，如图 13-12 所示。

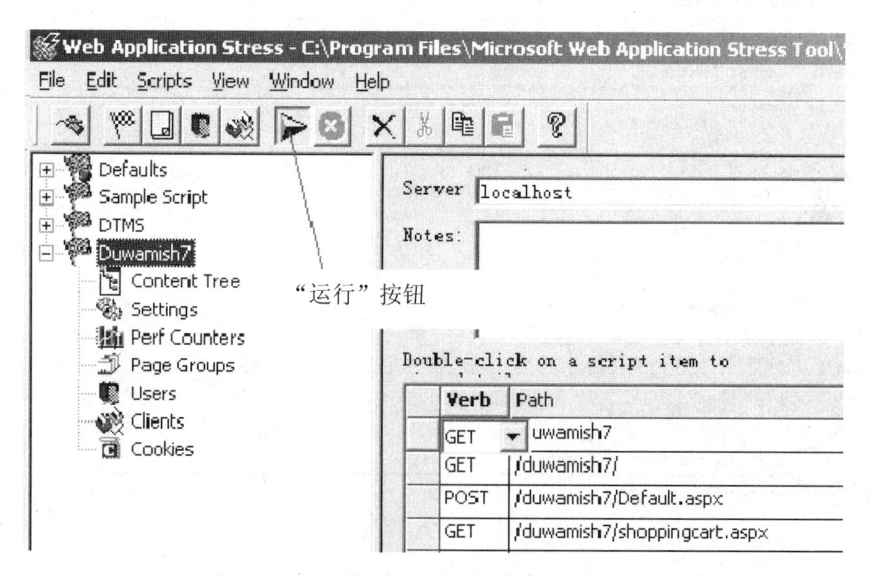

图 13-12 运行脚本

建议：第一次运行测试脚本时，Test Run Time 不要太长，Stress level 及 Stress multiplier 不要太大。第一次运行的目的只是为了检验测试脚本是否正确地运行。

（5）测试结果。

每次测试运行结束后，WAS 会生成详细的报表，即使测试被提前停止也一样。WAS 报表可以从 View 菜单选择 Reports 查看。下面介绍一下报表中几个重要的部分。

1）摘要页面的摘要部分提供了页面的名字、接收到第一个字节的平均时间（TTFB）、接收到最后一个字节的平均时间（TTLB）以及测试脚本中各个页面的命中次数。TTFB 和 TTLB 这两个值对于计算客户端所看到的服务器性能具有重要意义。TTFB 反映了从发出页面请求到接收到应答数据第一个字节的时间总和（以毫秒计），TTLB 包含了 TTFB，它是客户机接收到页面最后一个字节所需要的累计时间。只要选中页面的名字，即可显示页面概要。

```
Overview
=====================================================================
Report name:                 2003-4-16 15:57:15———页面的名字
Run on:                      2003-4-16 15:57:15
Run length:                  00:01:00

Web Application Stress Tool Version:1.1.288.1

Notes
---------------------------------------------------------------------
Sample Microsoft Web Application Stress Script

Number of test clients:      4

Number of hits:              8526
Requests per Second:         141.86

Socket Statistics
---------------------------------------------------------------------
Socket Connects:             8575
Total Bytes Sent (in KB):    1736.48
Bytes Sent Rate (in KB/s):   28.89
Total Bytes Recv (in KB):    25880.91
Bytes Recv Rate (in KB/s):   430.63

Socket Errors
---------------------------------------------------------------------
Connect:                     0
Send:                        0
Recv:                        0
Timeouts:                    0

RDS Results
---------------------------------------------------------------------
Successful Queries:          0

Script Settings
=====================================================================
Server:                      localhost
Number of threads:           50

Test length:                 00:01:00
Warmup:                      00:00:00
Cooldown:                    00:00:00

Use Random Delay:            Yes
Min Delay Time:              20
Max Delay Time:              40

Follow Redirects:            Yes
Max Redirect Depth:          15

Clients used in test
---------------------------------------------------------------------
192.168.6.191
192.168.6.90
localhost

Clients not used in test
---------------------------------------------------------------------
server1

Result Codes
Code      Description                     Count
---------------------------------------------------------------------
404       Not Found                       8526

Page Summary
Page                          Hits     TTFB Avg   TTLB Avg   Auth
---------------------------------------------------------------------
GET /samples/cookie.asp       1244     290.90     291.65     No
POST /samples/post.asp        1231     304.86     348.67     No
GET /samples/browser.asp      1229     299.05     342.42     No
GET /samples/fileacc.asp      1221     296.70     340.28     No
GET /samples/htmltest.htm     1214     289.59     289.76     No
GET /samples/ad_test.asp      1197     292.89     293.63     No
GET /samples/logo.jpg         1190     295.84     296.05     No
               各个页面的点击次数      TTFB       TTLB
```

2）Result Codes。

如果是一个新创建的测试脚本，应该检查一下报表的Result Codes部分。这部分内容包含了请求结果代码、说明以及服务器返回的结果代码的数量。如果这里出现了404代码（页面没有找到），说明在脚本中有错误的页面请求。具体的错误代码表示的意义，可以参考IIS的说明文档。

```
Result Codes
Code      Description                   Count
=========================================================================
404       Not Found                     4280
NA        HTTP result code not given    15
```

3）Perf Counters。

报表中还包含了所有性能计数器的信息。这些数据显示了运行时各个项目的测量值，同时还提供了最大值、最小值、平均值等。报表实际提供的信息远远超过了我们这里能够介绍的内容。

```
=========================================================================
Number of measurements:          6

Computer:                        \\YANHUIL
Object:                          Processor
Instance:                        _Total
Counter:                         % Processor Time
-------------------------------------------------------------------------
Average:                         69.53
Min:                             50.00
25th Percentile:                 61.48
50th Percentile:                 62.42
75th Percentile:                 67.29
Max:                             100.00

Computer:                        \\YANHUIL
Object:                          ASP.NET
Counter:                         Request Execution Time
-------------------------------------------------------------------------
Average:                         0.00
Min:                             0.00
25th Percentile:                 0.00
50th Percentile:                 0.00
75th Percentile:                 0.00
Max:                             0.00

Computer:                        \\YANHUIL
Object:                          ASP.NET
Counter:                         Request Wait Time
-------------------------------------------------------------------------
Average:                         0.00
Min:                             0.00
25th Percentile:                 0.00
50th Percentile:                 0.00
```

4）Script Settings。

这里显示的是运行本次测试时的设置，也就是前面讲到的Setting部分的内容。

5）Test Clients。

这里显示的是各个 WAS 客户机的情况。先总体说明在测试中使用了哪些 WAS 客户机，在使用的 WAS 客户机中显示以下内容：

- 执行了多少线程；
- 模拟了多少用户；
- 点击的次数；
- 连接失败的次数。

```
Client machine:  192.168.6.191
==========================================================================
Number of threads:             1
Number of users:               19
Hit Count:                     1274
Connect Failures:              5352
```

6）Page Sumary。

显示了在测试中各个请求内容的 TTFB、TTLB 及点击的次数等信息。具体的说明已经包含在 5.1 摘要中。

7）Page Groups。

显示不同的用户组在测试中的执行情况。这里提供的信息包括：

- 用户组的分布情况、在所有用户组中所占的比例点击的次数，以及在所有点击次数中所占的比例；
- Result Codes 情况；
- Socket 连接的信息。

```
Group Results
==============================================
Distribution:                  100
% Total Distribution:          %50.00

Hit Count:                     7000
% Total Hits:                  %28.88

Result Codes
Code       Description                   Count
----------------------------------------------
404        Not Found                     7000

Socket Statistics
----------------------------------------------
Socket Connects:               7007
Total Bytes Sent (in KB):      2258.98
Bytes Sent Rate (in KB/s):     12.53
Total Bytes Recv (in KB):      21246.09
Bytes Recv Rate (in KB/s):     117.83
```

8）Page Date。

显示了各个请求内容的更加详细的信息。技术需求中的运行效率信息可以在这里验证。

三、其他方式编写测试脚本

前边提到编写测试脚本有 4 种方法，现在对其他三种方法进行简单的介绍。

1．打开菜单，选择Scripts→Create→Manual命令手动创建一个测试脚本，如图13-13所示

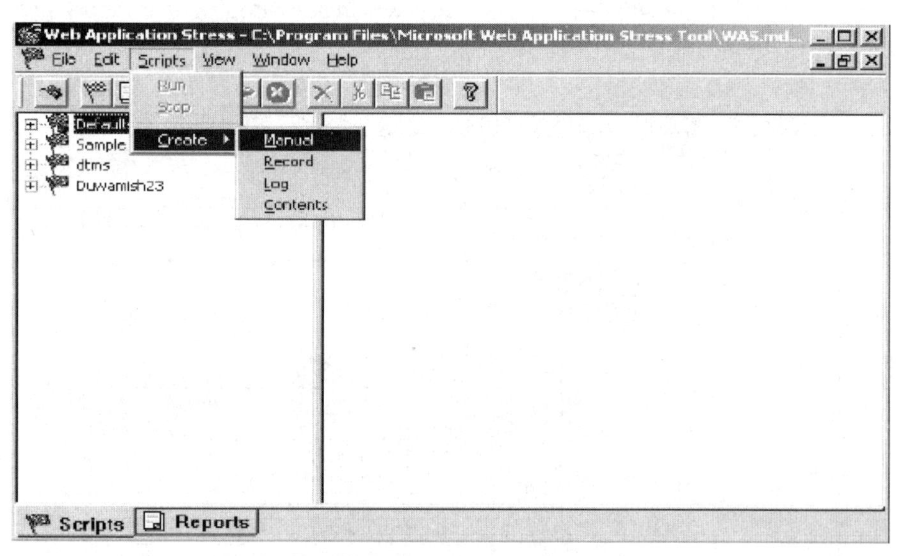

图13-13 手工创建脚本

然后出现了NewScript，在Server文本框中输入要进行测试的服务器IP地址或计算机名称；在脚本的内容表格中，在Verb下拉列表框中选择脚本运行方式，有GET、POST和HEAD；在Path文本框中输入向服务器提交的文件或字符串，如图13-14所示。

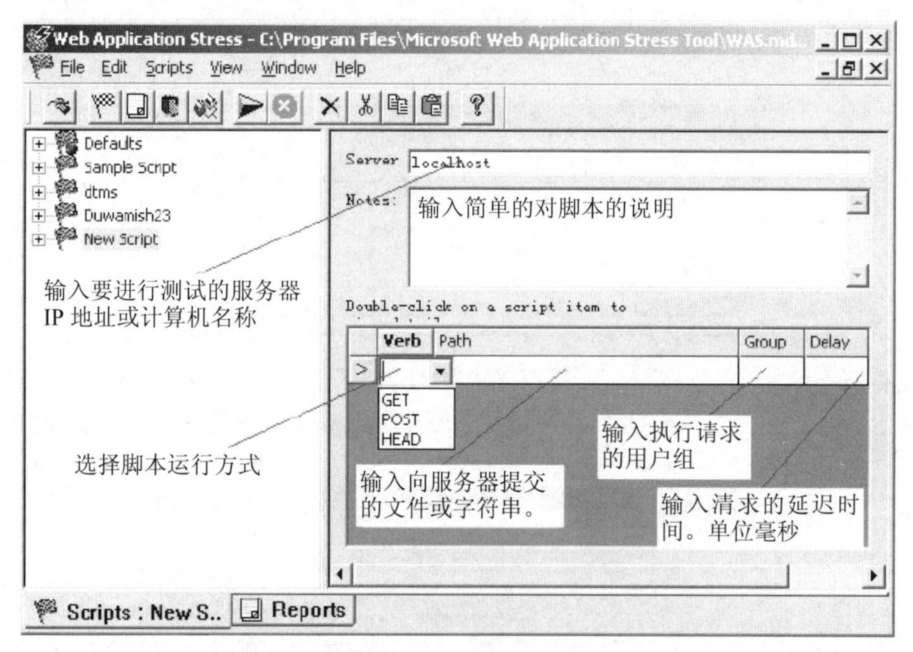

图13-14 脚本设置

2．导入IIS日志

这种方法适合于开始投入运行的Web应用程序。IIS日志记录了用户访问系统的所有信息。通过导入IIS日志的方法建立的测试脚本是最符合实际运行情况的方法。如果有IIS日志，我

们推荐使用这种方法。

这种方法也比较简单。打开菜单，选择 Scripts→Create→Log 命令导入 IIS 日志，创建一个测试脚本，如图 13-15 所示。

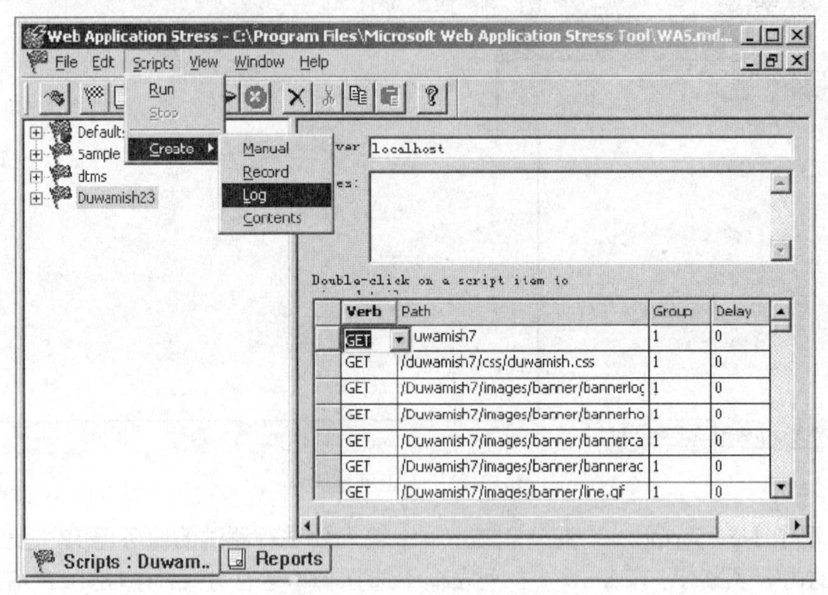

图 13-15 导入 IIS 日志

然后出现导入 IIS 日志的第一步，选择 IIS 日志的路径，默认情况下的路径如图 13-16 所示。

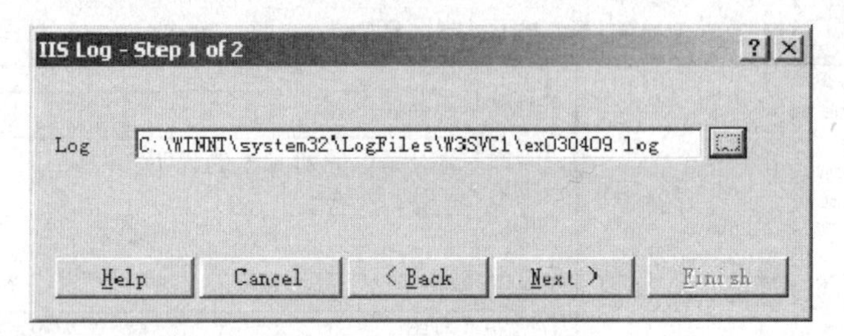

图 13-16 IIS 日志路径

单击 Next 按钮，进入第二步，一般情况下不用做改动，取默认值即可，如图 13-17 所示。

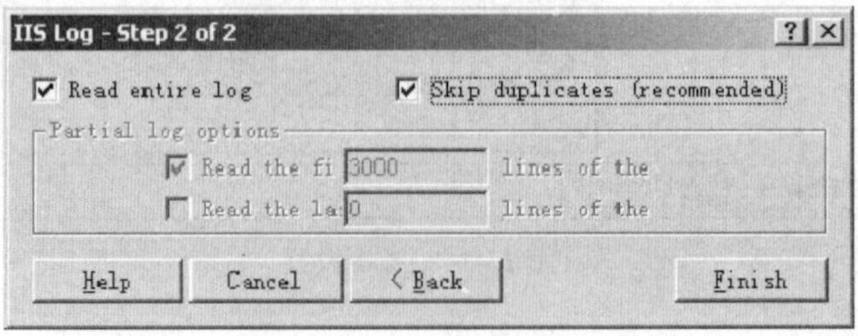

图 13-17 IIS 日志设置

单击 Finish 按钮后，WAS 自动生成脚本。

3. 导入网站内容文件

这种方法通过导入网站上具体的文件来生成测试脚本。一般情况下，不推荐使用这种方法。下面简单说明这种方法的使用。

打开菜单，选择 Scripts→Create→Contents 命令，WAS 自动新建一个测试脚本，并且切换到 Contents Tree 节，如图 13-18 所示。

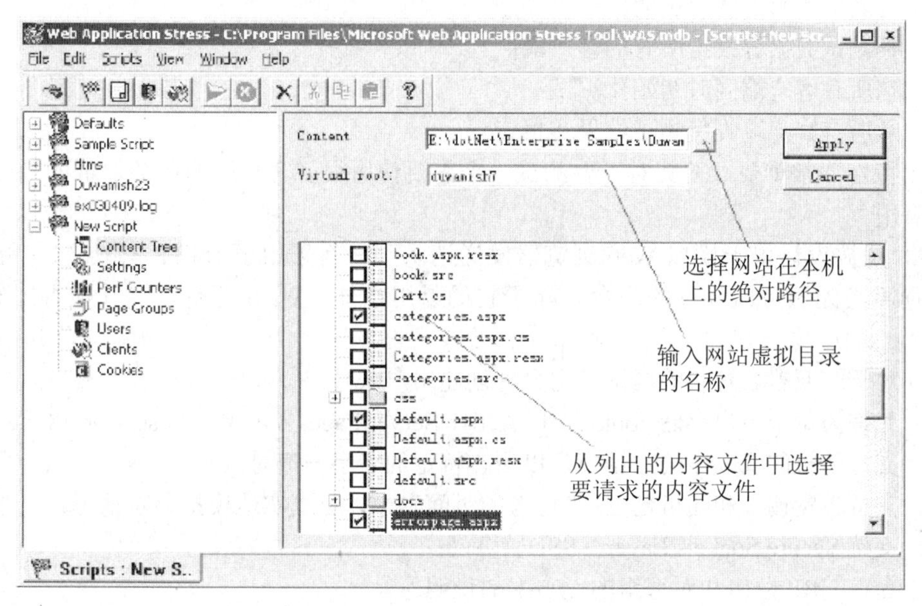

图 13-18　导入文件生成测试脚本

然后回到 New Script 的主页面，会看到选择的内容文件自动添加到表格中，如图 13-19 所示，这样就完成了。

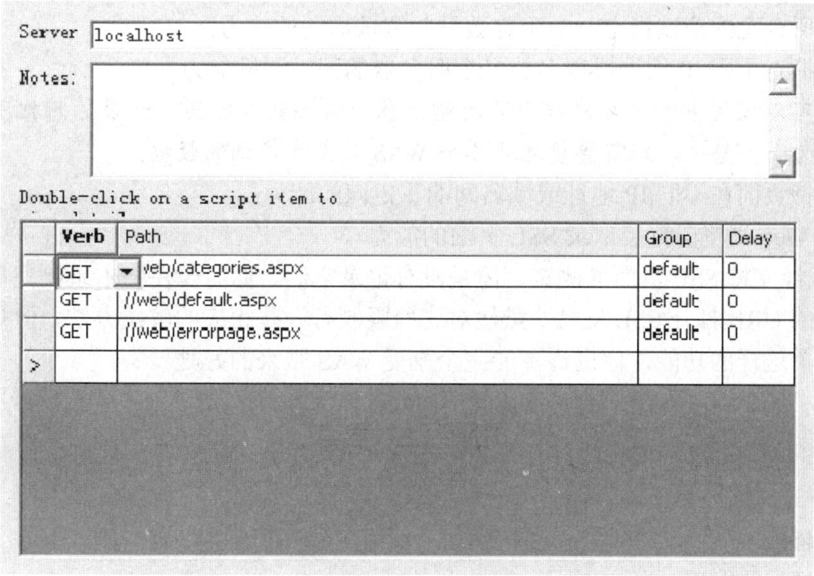

Server: localhost

Notes:

Double-click on a script item to

	Verb	Path	Group	Delay
	GET	veb/categories.aspx	default	0
	GET	//web/default.aspx	default	0
	GET	//web/errorpage.aspx	default	0
>				

图 13-19　添加内容列表

五、使用 WAS 的优势和存在的问题

1. WAS 的优点

WAS 允许你以不同的方式创建测试脚本：可以通过使用浏览器走一遍站点来录制脚本、从服务器的日志文件导入 URL，或者从一个网络内容文件夹中选择一个文件。

- 与其他所有的客户机通信；
- 把测试数据分发给所有的客户端；
- 在所有客户端同时初始化测试；
- 从所有客户端收集测试结果和报告。

这个特性非常重要，尤其对于要测试一个需要使用很多客户端的服务器群的最大吞吐量时非常有用。

WAS 是被设计用于模拟 Web 浏览器发送请求到任何采用了 HTTP 1.0 或 1.1 标准的服务器，而不考虑服务器运行的平台。除了它的易用性外，WAS 还有很多其他有用的特性，包括：

- 对于需要署名登录的网站，它允许创建用户账号；
- 允许为每个用户存储 cookies 和 Active Server Pages（ASP）的 session 信息；
- 支持随机的或顺序的数据集，以用在特定的名字－值对；
- 支持带宽调节和随机延迟（“思考的时间”），以更真实地模拟显示情形；
- 支持 Secure Sockets Layer（SSL）协议；
- 允许 URL 分组和对每组的点击率的说明。

2. WAS 的缺陷

除了优势外，WAS 的确在以下方面存在缺陷：

- 以前面所发请求返回的结果为基础，修改 URL 参数的能力；
- 运行或模仿客户端逻辑的能力；
- 为所分配的测试指定一个确定数量的测试周期的能力；
- 对拥有不同 IP 地址或域名的多个服务器的同时测试能力。

注意：可以使用多个主客户端来同时测试多个服务器。然而，如果你想把所有测试结果联系起来成为一个整体，则需要整理从各个 WAS 数据库得到的数据。

- 支持页面在不同 IP 地址或域名间的重定向的能力；
- 从 Web 浏览器直接记录 SSL 页面的能力。

WAS 已经支持 SSL 页面的测试，但是没有记录它们。你需要在脚本录制完后，手工地为每个设计好的 URL 打开 SSL 支持。虽然对这些限制有一些相应的解决办法，但是如果应用依赖一个或多个这样的功能，你也许不能完全享受 WAS 带来的好处。

巩固与提高

一、选择题

1．WAS CE 的部署工具中，常用的三种部署方法是（　　）。

A．冷部署　　B．命令行部署
C．控制台部署　　D．热部署

2．WAS用以下（　　）方法创建脚本。

A．通过记录浏览器的活动
B．通过导入IIS日志
C．通过把WAS指向Web网站的内容
D．手工制作

3．WAS是Web应用系统中的（　　）工具。

A．单元测试　　B．系统测试
C．负载测试　　D．集成测试

二、填空题

1．WAS CE的部署模式有__________和__________。

2．在WAS中决定了访问服务器的并发连接的数量是__________和__________。

3．压力测试不仅是孤立测试各个软硬件的__________，而且要与软件应用系统结合，尽可能模拟真实的__________，从而__________的情况。

三、思考题

WAS的优点和缺点是什么？

参考文献

[1] 柳纯录．全国计算机技术与软件专业技术资格（水平）考试办公室组编．软件评测师教程．北京：清华大学出版社，2008．

[2] （美）Rex Black 著．核心测试过程：计划、准备、执行和完善．李华飚译．北京：中国电力出版社，2007．

[3] 杜文洁，景秀丽．软件测试基础教程．北京：中国水利水电出版社，2008．

[4] http://www.51testing.com．

[5] http://www.softtest.com．

[6] http://www.opentest.net．

[7] http://www.testage.net．

[8] http://www.17testing.com．